网络空间安全
技术丛书

U0171705

网络安全之
机器学习

[印度] 索马·哈尔德 (Soma Halder)
[美] 斯楠·奥兹德米尔 (Sinan Ozdemir) 著

马金鑫 张利 张江霄 译

HANDS-ON
MACHINE LEARNING FOR
CYBERSECURITY

机械工业出版社
China Machine Press

图书在版编目（CIP）数据

网络安全之机器学习 / (印) 索马·哈尔德 (Soma Halder)，(美) 斯楠·奥兹德米尔 (Sinan Ozdemir) 著；马金鑫，张利，张江霄译 . —北京：机械工业出版社，2021.1（2021.8 重印）（网络空间安全技术丛书）

书名原文：Hands-On Machine Learning for Cybersecurity

ISBN 978-7-111-66941-8

I. 网⋯ II. ①索⋯ ②斯⋯ ③马⋯ ④张⋯ ⑤张⋯ III. 机器学习 – 应用 – 计算机网络 – 网络安全 – 研究 IV. TP393.08

中国版本图书馆 CIP 数据核字（2020）第 227921 号

本书版权登记号：图字 01-2019-0969

Soma Halder, Sinan Ozdemir: *Hands-On Machine Learning for Cybersecurity*（ISBN: 978-1-78899-228-2）.

网络安全之机器学习

出版发行：机械工业出版社（北京市西城区百万庄大街 22 号 邮政编码：100037）

责任编辑：孙榕舒　　　　　　　　　　　责任校对：殷 虹

印　　刷：北京捷迅佳彩印刷有限公司　　版　　次：2021 年 8 月第 1 版第 3 次印刷

开　　本：186mm×240mm 1/16　　　　 印　　张：15

书　　号：ISBN 978-7-111-66941-8　　　定　　价：79.00 元

客服电话：（010）88361066 88379833 68326294　　投稿热线：（010）88379604

华章网站：www.hzbook.com　　　　　　　　　　读者信箱：hzit@hzbook.com

前　言

网络安全威胁可能对组织造成非常大的破坏，在本书中，我们将使用有效的工具来解决网络安全领域中存在的重大问题，并为网络安全专业人员提供机器学习算法的相关知识。本书旨在弥合网络安全和机器学习之间的知识鸿沟，专注于构建更有效的新解决方案，以取代传统的网络安全机制，并提供一系列算法，使系统拥有自动化功能。

本书将介绍网络安全威胁生命周期的主要阶段，详细介绍如何为现有的网络安全产品实现智能解决方案，以及如何有效地构建面向未来的智能解决方案。我们将深入研究该理论，还将研究该理论在实际安全场景中的应用。每章均有专注于使用机器学习算法（如聚类、k-means、线性回归和朴素贝叶斯）解决现实问题的独立示例。

我们首先介绍使用 Python 及其扩展库实现网络安全中的机器学习的基础知识。你将探索各种机器学习领域，包括时间序列分析和集成建模等，以打下良好的基础，并将构建一个用于识别恶意 URL 的系统，以及用于检测欺诈性电子邮件和垃圾邮件的程序。之后，你将学习如何有效地使用 k-means 算法开发解决方案，来检测并警告网络中的任何恶意活动。此外，你还将学习如何实现数字生物识别技术和指纹验证，以验证用户是否合法。

本书采用面向解决方案的方法，来帮助你解决现有的网络安全问题。

本书的目标读者

本书面向数据科学家、机器学习开发人员、安全研究人员以及任何对应用机器学习增强计算机安全性感兴趣的读者。具备 Python 的应用知识、机器学习的基础知识和网络安全基本知识将很有益处。

本书的主要内容

第 1 章介绍机器学习及其在网络安全领域中的用例。我们会介绍运行机器学习模块的总体架构，并详细介绍机器学习领域中的不同子主题。

第 2 章涵盖机器学习中的两个重要概念：时间序列分析和集成学习。我们还将分析历史数据，并与当前数据进行比较以检测偏差。

第 3 章研究如何使用 URL。我们还将研究恶意 URL 以及如何手动或使用机器学习技术来检测它们。

第 4 章介绍不同类型的验证码及其特征。我们还将介绍如何使用人工智能和神经网络技术来解读验证码。

第 5 章介绍不同类型的垃圾邮件及其工作原理。我们还将介绍一些用于检测垃圾邮件的机器学习算法，并介绍不同类型的欺诈性电子邮件。

第 6 章介绍网络攻击的各个阶段以及如何应对这些攻击。我们还将编写一个简单的模型，用于检测 Windows 和活动日志中的异常。

第 7 章详细讨论恶意软件，并探讨恶意数据是如何注入数据库和无线网络的。我们将使用决策树进行入侵检测和恶意 URL 检测。

第 8 章深入研究伪装及其不同的类型，并介绍有关莱文斯坦距离的知识。我们还将介绍如何识别恶意域名相似性和作者归属。

第 9 章专门涵盖 TensorFlow 的相关内容，从安装、基础知识到使用它创建入侵检测模型。

第 10 章涉及如何使用机器学习技术减少诈骗交易。我们还将介绍如何使用逻辑回归处理数据不平衡问题和检测信用卡诈骗行为。

第 11 章探讨使用 SplashData 对超过 100 万个密码进行密码分析。我们将创建一个使用 scikit-learn 和机器学习提取密码的模型。

充分利用本书

读者应具备网络安全产品和机器学习的基本知识。

下载示例代码及彩色图像

本书的示例代码及所有截图和图表，可以从 http://www.packtpub.com 通过个人账号下载，也可以访问华章图书官网 http://www.hzbook.com，通过注册并登录个人账号下载。

下载文件后，请确保使用以下软件最新版本解压缩：

- Windows：WinRAR/7-Zip

- Mac：Zipeg/iZip/UnRarX

- Linux：7-Zip/PeaZip

本书的代码包也托管在 GitHub 上，网址为：

https://github.com/PacktPublishing/Hands-on-Machine-Learning-for-Cyber-Security

代码的更新将在 GitHub 代码仓库中进行。

我们还提供了一个 PDF 文件，其中包含本书中的所有截图和图表的彩色图像，你可以在这里下载：

http://www.packtpub.com/sites/default/files/downloads/9781788992282_ColorImages.pdf

本书约定

 表示警告或重要说明。

 表示提示和技巧。

作者简介

Soma Halder 是印度最大的电信公司之一 Reliance Jio Infocomm 的大数据分析部门的数据科学主管，擅长数据分析、大数据、网络安全和机器学习。她有约 10 年的机器学习经验，尤其是在网络安全领域。她在阿拉巴马大学伯明翰分校攻读硕士学位时的研究重点是知识发现、数据挖掘和计算机取证。她曾为 Visa、Salesforce 和 AT&T 工作，也曾在印度和美国为初创公司（E8 Security、Headway ai 和 Norah ai）工作。她在网络安全、机器学习和深度学习领域发表过数篇会议论文。

Sinan Ozdemir 是一位生活在美国旧金山湾区的数据科学家、初创公司创始人和教育家。他在约翰斯·霍普金斯大学学习了理论数学，之后花了几年时间在那里举办数据科学讲座。然后，他创建了自己的初创公司 Kylie ai，该公司使用人工智能克隆品牌个性，并实现客户服务通信的自动化。他还是 *Principles of Data Science* 的作者。

审校者简介

    Chiheb Chebbi 是一位信息安全爱好者、作者和技术评论员，在信息安全的各个领域拥有丰富的经验，专注于调查高级网络攻击和研究网络间谍活动。他的主要兴趣在于渗透测试、机器学习和威胁搜索。他已被列入许多名人堂。他的很多研究成果已被许多世界级信息安全会议所接受。

    Aditya Mukherjee 博士是一名网络安全资深人士，为多个《财富》500 强企业和政府机构提供安全咨询长达 11 年之久，管理着专注于客户关系的大型团队，并建立服务线。他的职业生涯始于项目承包人，专门从事网络安全解决方案 / 网络转换项目的实现，并解决与安全架构、框架和策略有关的挑战。在职业生涯中，他获得了各种行业奖项和表彰，包括 2018 年度最具创新 / 活力的 CISO 和年度网络哨兵，他还因在管理领域的卓越成就而被授予了荣誉博士学位。

目　　录

第 1 章

网络安全中机器学习的基础知识

本章的目标是向网络安全专业人员介绍机器学习的基础知识。我们将介绍机器学习模型运行的整体架构，并详细介绍机器学习领域的不同子主题。

许多关于机器学习的书都涉及实际使用案例，但很少涉及网络安全和网络安全威胁生命周期的不同阶段。本书面向希望通过应用机器学习和预测分析技术来检测这种威胁的网络安全专业人员。

本章涵盖的内容如下：

- 机器学习的定义和用例。
- 探究网络安全领域的机器学习。
- 机器学习系统的不同类型。
- 不同的数据准备技术。
- 机器学习架构。
- 更详细地了解统计模型和机器学习模型。
- 进行模型调整以确保模型性能和准确率。
- 机器学习工具。

1.1 什么是机器学习

机器学习是一个从学习任务 T 获得经验 E，并用性能 P 衡量的计算机程序，且这个程序在任务 T 与性能 P 下，可以通过经验 E 得到改进。

——Tom M.Mitchell

机器学习是科学的一个分支，它使计算机能够学习、适应、推测模式，并在没有明确编程指令的情况下相互通信。这个术语可以追溯到1959年，由Arthur Samuel在IBM人工智能实验室首次定义并使用。机器学习以统计学为基础，如今与数据挖掘和知识发现领域重叠。在接下来的章节中，我们将使用网络安全作为背景来介绍其中的很多概念。

在20世纪80年代，随着人工神经网络（ANN）的成功，机器学习越来越受到重视。机器学习在20世纪90年代变得更为瞩目，研究人员开始将其用于日常生活。在21世纪初，互联网和数字化促进了机器学习的发展，多年来，Google、亚马逊、Facebook和Netflix等公司开始利用机器学习技术进一步改善人机交互。语音识别和人脸识别系统已成为我们的首选技术。人工智能家居自动化产品、自动驾驶汽车和机器人管家也已经实现。

然而，在同一时期，网络安全领域发生了几次大规模的网络攻击和数据泄露事件。网络攻击的影响力已经变得如此之大，以至于犯罪分子不再满足于常规的伪装攻击和账户窃取，而转向大规模的工业安全漏洞并通过单次攻击获得最大的投资回报率（ROI）。一些财富500强公司已成为复杂网络攻击、鱼叉攻击和零日漏洞等攻击的受害者。对物联网（IoT）设备和云的攻击成为新的攻击势头。应对这些网络攻击似乎超越了安全运营中心（SOC）分析师的能力，需要机器学习方法的帮助。现在越来越多的威胁检测系统都依赖于这些先进的智能技术，并且正在逐渐远离常用于安全信息和事件管理（SIEM）的基于签名的检测器。

1.1.1　机器学习要解决的问题

表1-1给出了机器学习要解决的一些问题。

表　1-1

使用领域	描述
人脸识别	人脸识别系统可以通过识别面部特征来辨别数字图像中的人。人脸识别技术与生物识别技术类似，并广泛应用于安全系统，如使用人脸识别技术解锁手机。这种系统使用三维识别和皮肤纹理分析技术来验证人脸
假新闻检测	在2016年美国总统大选之后，假新闻非常猖獗。为了阻止这种黄色新闻和假新闻造成的混乱，人们引入了检测器来区分假新闻和合法新闻。检测器使用文章中文本的语义和文体模式、文章来源等信息来区分真假新闻

（续）

使用领域	描述
情感分析	理解文档的整体情感是积极的还是消极的很重要，因为在做出决定时，整体观点是一个非常重要的参数。情感分析系统通过观点挖掘来理解用户的情感和态度
推荐系统	推荐系统根据客户的历史选择来评估客户当下的需求。这是影响其他类似客户做出此类选择的另一个决定性因素。这种系统非常受欢迎，并且被大量公司用于销售产品。推荐系统基于积累的喜欢和不喜欢的数据，在某种程度上决定了公司首选的市场策略
欺诈检测系统	欺诈检测系统根据客户兴趣创建，用于风险降低和安全欺诈。该系统通过测量异常系数来检测交易中的异常值并发出警告
语言翻译	语言翻译系统是一种智能系统，它不仅能逐字翻译，而且可以一次翻译整个段落。自然语言翻译使用来自多语言文档的上下文信息来进行翻译
聊天机器人	智能聊天机器人是通过在人工客服无法响应时提供自动响应来提升客户体验的系统。它的活动不仅限于虚拟助手，还具有情感分析能力，能给出推荐和建议

1.1.2　为什么在网络安全中使用机器学习

传统的威胁检测系统在大量数据日志上使用启发式和静态签名来检测威胁和异常，但这意味着分析师需要了解什么是正常的数据日志。该过程包括通过传统的提取、转换和加载（ETL）阶段来获取和处理数据。转换后的数据由机器读取，然后由分析师进行分析并创建签名。接下来通过传递更多的数据来评估签名。评估中出现错误意味着需要重写规则。基于签名的威胁检测技术虽然好理解，但并不健全，因为需要通过大量的数据来创建签名。

1.1.3　目前的网络安全解决方案

如今，基于签名的系统正逐渐被智能网络安全方案取代。机器学习产品能主动识别新的恶意软件、零日攻击和高级持续性威胁。可以通过日志关联方法对大量日志数据形成新的理解。终端解决方案已被用于识别外围攻击。机器学习驱动的网络安全产品可以增强容器系统（如虚拟机）的安全性。图1-1简要概述了网络安全中的一些机器学习解决方案。

通常，构建机器学习产品是为了在攻击发生之前预测攻击，但由于攻击的复杂性，预防措施往往会失败。在这种情况下，机器学习经常能用其他的方式来补救，例如：在攻击发生的早期就识别出来，并阻止该攻击在整个组织中蔓延。

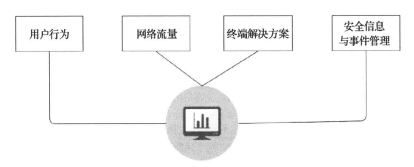

图 1-1　网络安全中机器学习的解决方案

许多网络安全公司依靠高级分析技术（如用户行为分析和预测分析）在网络安全威胁生命周期的早期检测高级持续性威胁，这些技术已经成功地阻止了个人身份信息（PII）的数据泄露和内部威胁。但是，在网络安全领域，规范性分析也是一种值得一提的机器学习解决方案。与将当前威胁日志与历史威胁日志进行比较来预测威胁的预测分析不同，规范性分析是一个更快响应的过程。规范性分析能够应对已经发生网络攻击的情况，在此阶段进行数据分析，并建议哪种响应措施能将损失降至最低。

机器学习在网络安全方面也存在劣势。由于预警需要让安全运营中心的分析员来进行验证，因此产生太多误报会导致疲于响应。为了避免这种情况发生，网络安全解决方案会从 SIEM 信号获得洞察力，将 SIEM 系统产生的信号与高级分析信号进行对比，以便系统不会产生重复信号。因此，网络安全产品中的机器学习解决方案从环境中学习，以使误报数量保持在最低水平。

1.1.4　机器学习中的数据

机器学习的实现依赖于数据，当把数据输入机器学习系统时，数据会帮助系统检测模式和挖掘数据。这些数据可以是任何形式，并且以不同的频率来自任何地方。

1.1.4.1　结构化数据与非结构化数据

根据数据的来源和已有的用例，数据可以被分为结构化数据（能很容易地映射到可识别的列标题）和非结构化数据（不能映射到任何可识别的数据模型）。非结构化数据和结构化数据的混合被称为半结构化数据，如图 1-2 所示。我们将在本章后面讨论处理这两种数据的不同机器学习方法。

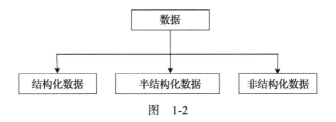

图　1-2

1.1.4.2　标记数据与无标记数据

数据也可以被分为标记数据和无标记数据。已经被手动标记的数据被称为标记数据，没有被标记的数据被称为无标记数据。标记数据和无标记数据都是机器学习前期阶段的输入。在训练阶段和测试阶段，标记数据与无标记数据的比例分别是 3∶2 和 2∶3。在测试阶段，无标记数据被转化为标记数据，如图 1-3 所示。

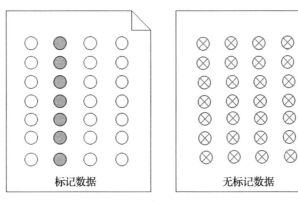

图　1-3

1.1.4.3　机器学习阶段

机器学习的解决方案一般包括一系列阶段。无论数据来源如何，这些阶段都是一样的，也就是说，处理任何类型数据所需的阶段都如图 1-4 所示。

下面我们将详细介绍图 1-4 中的每一个阶段：

- 分析阶段：在这个阶段，分析输入的数据来检测数据中的模式，这个模式有助于创建用于训练模型的显式特征或参数。

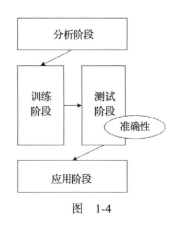

图　1-4

- 训练阶段：在这个阶段，利用上一个阶段生成的数据参数来创建机器学习模型。训练阶段是一个迭代过程，数据的增长有助于提高预测的质量。

- 测试阶段：使用更多的数据来测试训练阶段创建的机器学习模型，并评估模型的性能。在这个阶段，我们将使用之前阶段未使用的数据进行测试。此阶段的模型评估可能需要也可能不需要参数训练。

- 应用阶段：在这个阶段，向调整好的模型输入真实数据。该模型会被部署在生产环境中。

1.1.4.4 数据的不一致性

在训练阶段，机器学习模型可能会不太完美，我们要注意数据的不一致性。

过拟合

分析的结果太靠近或者精确匹配一个特定的数据集，因此可能不适应于其他的数据集或不能可靠地预测未来的观察结果。

—— 《牛津词典》

过拟合是指系统与训练的数据过于适配的现象。当处理其他数据时，系统会产生负偏差。换句话说，模型表现不佳，这通常是因为我们只将标记数据提供给这个模型。因此我们需要利用标记数据和无标记数据来训练机器学习系统。

图 1-5 显示，为防止出现模型错误，我们需要以最佳的顺序选择数据。

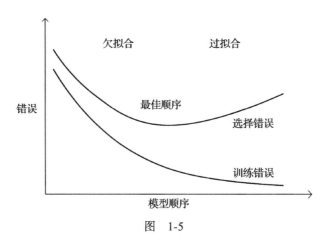

图   1-5

欠拟合

欠拟合是模型表现不佳的另一种情况。这是由于模型没有经过很好的训练，导致模型的性能被影响，这种系统很难应用于新数据。

为了获得理想的模型性能，可以通过执行一些常见的机器学习过程来防止发生过拟合和欠拟合，例如：数据的交叉验证、数据修剪和数据的正则化。在我们更熟悉机器学习模型后，将在后面的章节中详细介绍这些内容。

1.1.5　不同类型的机器学习算法

在本节中，我们将讨论不同类型的机器学习系统和最常用的算法，特别是在网络安全领域更受欢迎的算法。图 1-6 展示了机器学习涉及的不同学习类型。

根据机器学习系统提供的学习类型，机器学习系统可以大致分为两类：监督方法和无监督方法。

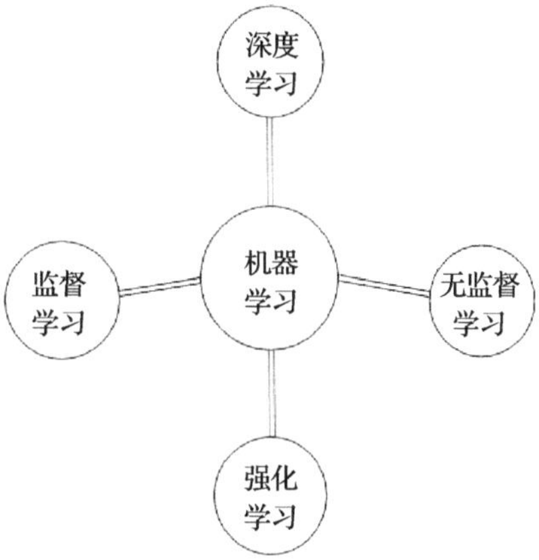

图　1-6

1.1.5.1　监督学习算法

监督学习是指使用已知数据集对已有数据进行分类或预测。监督学习方法从标记数据中学习，然后使用获得的经验来对测试数据进行决策，如图 1-7 所示。

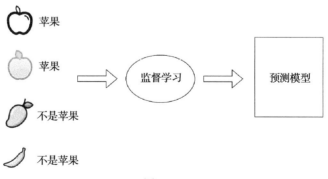

图　1-7

监督学习有以下几个学习子类：

- 半监督学习：这是初始训练数据不完整的学习类型。换句话说，在这种学习算法中，标记数据和非标记数据都被用于训练阶段。
- 主动学习：在这种学习算法中，机器学习系统对用户进行主动询问，并积极地学习。这是监督学习的特有情况。

一些流行的监督学习的例子是：

- 人脸识别：人脸识别器使用监督方法识别新的人脸。人脸识别器从训练阶段中获取的一组面部图像提取信息，使用训练后获得的经验来检测新的人脸。
- 垃圾邮件检测：监督学习通过将垃圾邮件与合法电子邮件分开来帮助区分收件箱中的垃圾邮件。在此过程中，训练数据驱动学习，这将帮助此类系统将合法邮件发送给收件箱，将垃圾邮件放置于垃圾邮件文件夹。

1.1.5.2　无监督学习算法

无监督学习技术是在初始数据没有被标记的情况下，通过处理结构未知的数据来获得经验。由于系统在没有任何干预的情况下自学，所以这是一种更复杂的过程。

无监督学习技术的一些实例如下：

- 用户行为分析：行为分析使用不同人类特征和人类交互的无标记数据，根据分析出的行为模式将每个人分成不同的组。
- 购物篮分析：无监督学习帮助确定某些物品总是一起出现的可能性，例如薯条、蘸酱和啤酒很可能被发现在同一个购物篮中，如图1-8所示。

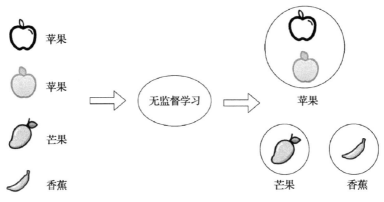

图　1-8

1.1.5.3　强化学习

强化学习是一种动态规划，软件从环境中学习，以产生能够最大化奖励的输出，如图 1-9 所示。这里软件不需要外部代理，但是可以从环境的周围过程中学习。

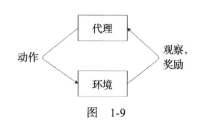

图　1-9

强化学习技术的一些实例如下：

- 自动驾驶汽车：自动驾驶汽车通过从环境中学习来采取自主行为，这个系统中强大的视觉技术能够使自身适应周围的交通条件。因此，当这些技术与复杂的软件和硬件操作结合在一起时，就可以实现自动驾驶。
- 智能游戏程序：DeepMind 的人工智能 G 程序能在几个小时之内学会玩许多游戏。这种系统在后台使用强化学习来快速地适应游戏动作。G 程序经过 4 个小时的训练就能击败世界知名的 AI 国际象棋机器人 Stockfish。

1.1.5.4　机器学习的另一种分类

机器学习技术也可以根据解决问题的类型进行分类，例如：分类、聚类、回归、降维和密度估计技术。图 1-10 简要介绍了这些系统的定义和示例。

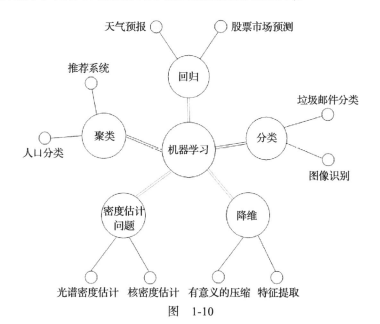

图　1-10

在下一章，我们将深入探讨有关网络安全问题的细节。

1.1.5.5　分类问题

分类是将数据分成多个类别的过程，输入未知数据并根据特征或特性对其进行分类。由于训练的数据是有标记的，因此分类问题是监督学习的一个实例。

网页数据分类是此类学习的典型例子，其中模型基于文本内容（如新闻、社交媒体、广告等）对网页内容进行分类。图 1-11 显示数据被分为两类。

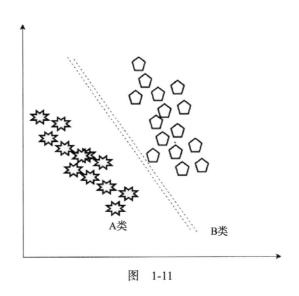

图　1-11

1.1.5.6　聚类问题

聚类是对数据进行分组并将类似的数据分为一组的过程。聚类技术使用一系列数据参数进行多次迭代，最终得到期望的分组结果。这种技术在信息检索和模式识别领域最受欢迎。聚类技术也普遍用于人口统计分析。图 1-12 展示了类似数据如何被分组成簇。

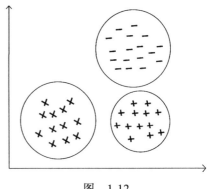

图　1-12

1.1.5.7　回归问题

回归是用于分析数据的统计过程，有助于数据分类和预测。在回归中，通过分析多个自变量和因变量来估计数据群体中存在的变量之间的关系，如图 1-13 所示。回归有多种类型，如线性回归、逻辑回归、多项式回归、套索回归等。一个有趣的回归分析用例是欺诈检测系统，回归也被用于股票市场分析和预测。

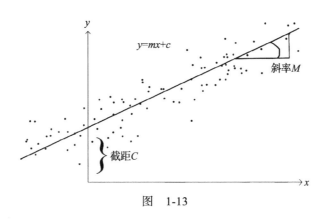

图　1-13

1.1.5.8　降维问题

降维是一种机器学习技术，将具有多个变量的高维数据用主要变量表示，而不丢失任何重要数据。降维技术经常应用于网络分组数据，以减小数据规模，也用于特征提取过程，其中高维数据不可能用于建模。图 1-14 展示了包含多个变量的高维数据。

1.1.5.9　密度估计问题

密度估计是对密集数据进行机器学习估计的统计学习方法，从技术上讲，密度估计是计算密度函数概率的技术。密度估计可以应用于路径参数数据和非参数数据。医学分析通常使用这种技术来识别与疾病相关的症状。图 1-15 展示了密度估计图。

图　1-14

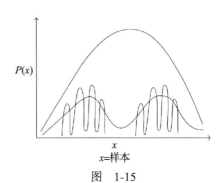

图　1-15

1.1.5.10 深度学习

深度学习通过样本进行学习，是一种更先进的机器学习。深度学习是对深度神经网络的研究，需要更大的数据集。如今，深度学习是很受欢迎的技术。深度学习应用的一些例子包括自动驾驶汽车、智能扬声器、智能音箱等。

1.1.6 机器学习中的算法

到目前为止，我们已经了解了不同的机器学习系统。在本节，我们将讨论它们使用的算法，接下来讨论的算法涵盖一种或多种机器学习技术。

1.1.6.1 支持向量机

支持向量机（SVM）是用于线性和非线性分类的监督学习算法，通过在高维空间中创建最佳超平面来实现。这个超平面创建的划分被称为类。一旦训练完成，支持向量机仅需要很少的调整。由于其可靠性，支持向量机常被使用于高性能系统中。

1.1.6.2 贝叶斯网络

贝叶斯网络（BN）是概率模型，主要用于预测和决策。贝叶斯网络是使用概率论原理和统计学原理的信念网络。贝叶斯网络使用有向无环图（DAG）来表示变量与任何其他相应依赖之间的关系。

1.1.6.3 决策树

决策树学习是一种使用决策树的预测机器学习技术，利用决策分析技术预测目标的价值。决策树是分类问题的简单实现，在运筹学中很受欢迎。决策由根据条件变量预测的输出值决定。

1.1.6.4 随机森林

随机森林是决策树学习的延伸，使用多个决策树进行预测。由于随机森林是一个整体，因此它稳定而可靠。随机森林可以深入进行不规则决策。随机森林的一个常见用例是文本文档的质量评估。

1.1.6.5 分层算法

分层算法是一种聚类算法，有时被称为分层聚类算法（HCA）。分层聚类算法可以是自下而上（凝聚）的，也可以是自上而下（分裂）的。在自下而上的方法中，第一次迭代使每个样本形成其独立的簇，这些较小的簇逐渐被合并到上层。自上而下的方法从单个簇开始，以递归方式分解为多个簇。

1.1.6.6 遗传算法

遗传算法是用于约束和无约束优化问题的元启发式算法，模仿人类的生理进化过程，并利用这些经验来解决问题。众所周知，遗传算法在性能上优于传统的机器学习算法和搜索算法，因为它能够承受噪声或输入模式的变化。

1.1.6.7 相似度算法

相似度算法主要用于文本挖掘领域。余弦相似度是一种流行的算法，主要用于比较文档之间的相似度。两个向量的内积空间表示两个文档之间的相似程度。相似度算法可用于作者检测和抄袭检测技术。

1.1.6.8 人工神经网络

人工神经网络是模仿人类神经系统的智能计算系统。人工神经网络具有多个节点，包括输入和输出，这些输入和输出节点由一层隐藏节点连接。输入层之间的复杂关系有助于遗传算法像人体一样运转。

1.1.7 机器学习架构

典型的机器学习系统由一定顺序的机器学习流程组成，与具体应用行业无关。图 1-16 给出了典型的机器学习系统及其子流程。

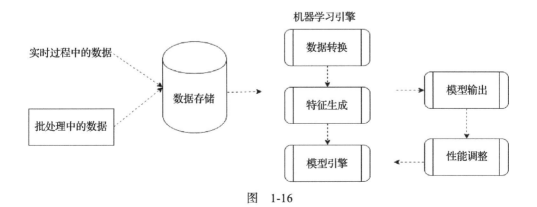

图 1-16

1.1.7.1　数据提取

数据可来自任何地方,包括实时系统如 IOTS(闭路电视摄像机)、流媒体数据和交易日志,也可以来自批处理过程或非交互式过程(如 Linux 定时任务、Windows 调度任务等)。也可以由数据存储引入单个馈送数据(如原始文本数据、日志文件和过程数据转储)。数据还可以来自企业资源规划(ERP)、客户关系管理(CRM)和操作系统(OS)。在这里,我们分析一些用于连续、实时或批量数据提取的数据提取器。

- Amazon Kinesis:这是亚马逊的经济而高效的数据提取器。Kinesis 可以从不同的数据源每小时存储数 TB 的实时数据。Kinesis 客户端库(KCL)有助于在流数据上构建应用程序,并进一步将数据提供给其他亚马逊服务,如 Amazon S3 和 Redshift 等。
- Apache Flume:这是一个可靠的用于流数据的数据收集器,除了数据收集,它还具有容错能力,并且具有可靠的架构。它还可用于数据聚合和迁移。
- Apache Kafka:这是另一个用于数据收集的开源消息框架,这种高吞吐量流处理器非常适合创建数据流水线。它以集群为中心的设计有助于创建非常快的系统。

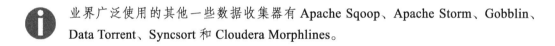

业界广泛使用的其他一些数据收集器有 Apache Sqoop、Apache Storm、Gobblin、Data Torrent、Syncsort 和 Cloudera Morphlines。

1.1.7.2　数据存储

来自数据收集器的原始数据或聚合数据被存储在数据存储中,如 SQL 数据库、NoSQL 数据库、数据仓库和分布式系统(如 HDFS)。如果数据是非结构化的,则可能需要进行清洗和准备。数据库转储文件格式迥异,如 JSON 文件、parquet 文件、avro 文件、平面文件等。对于分布式数据存储系统,提取的数据会被分配到不同的文件格式。

一些可按行业标准使用的流行数据存储如下:

- RDBMS(关系数据库管理系统):RDBMS 是传统的存储方式,在数据仓库领域非常流行。它存储具有原子性、一致性、隔离性和耐久性(ACID)的数据,但在存储量和存储速度上不占优势。
- MongoDB:MongoDB 是一种流行的非关系数据库(NoSQL),是面向文档的数据库，在云计算领域得到了广泛的应用。MongoDB 可以处理结构化、半结构化和非结构化格式的数据。由于代码更新频率较高，因此该数据库非常敏捷和灵活。与其他单一的数据存储方法相比，MongoDB 价格更低廉。

- Bigtable：这是来自 Google 的可扩展非关系数据库。Bigtable 是可靠的 Google 云平台（GCP）的一部分，它具有无缝可扩展性，吞吐量非常高。作为 Google 云平台的一部分，它可以轻松插入 Firebase 等可视化应用程序，这非常受应用程序制造商的欢迎，这些制造商使用它收集数据洞察。此外，它还可以用于业务分析。

- AWS 云存储服务：Amazon AWS 是一系列用于 IOT 设备、分布式数据存储平台和数据库的云存储服务。AWS 数据存储服务对于任何云计算组件都非常安全。

1.1.7.3　模型引擎

机器学习模型引擎负责管理机器学习框架运行所涉及的端到端过程，包括数据准备、特征生成、模型训练和模型测试。接下来我们将详细介绍每个过程。

数据准备

数据准备是进行数据清洗以检查数据的一致性和完整性的阶段。清洗数据后，通常会对数据进行格式化和采样。应该对数据进行归一化，以便可以用相同的标准测量所有数据。数据准备还包括数据转换，其中数据被分解或聚合。

特征生成

特征生成是分析数据的过程，以寻找可能影响模型结果的模式和属性。特征通常是相互独立的，来自原始数据或聚合数据。特征生成的主要目标是降低维度，提高性能。

训练

模型训练是机器学习算法从现有数据中进行学习的阶段。学习算法检测数据模式和关系，并对数据进行分类。需要对数据属性进行适当采样，以获得模型的最佳性能。通常在训练阶段使用 70% ～ 80% 的数据。

测试

在测试阶段，验证在训练阶段建立的模型。通常使用 20% 的数据进行测试。交叉验证方法有助于确定模型性能。可以测试和调整模型的性能。

1.1.7.4　性能调整

性能调整和误差检测是机器学习系统最重要的阶段，因为它有助于提高系统性能。

如果算法的广义函数以高概率给出低泛化误差，则认为机器学习系统具有最佳性能，这通常被称为概率近似正确（PAC）理论。

为了计算泛化误差，即分类的准确率或回归模型的预测误差，我们使用下面描述的几个度量指标。

均方误差

想象一下回归问题，我们有最佳拟合线，想要测量每个点与回归线的距离。均方误差（MSE）是计算这些偏差的统计量度。MSE 通过计算每个此类偏差平方的均值得到。图 1-17 展示了均方误差。

$$\text{MSE} = \frac{1}{n} \sum_{i=1}^{n} (P_i - A_i)^2$$

平均绝对误差

平均绝对误差（MAE）是另一种统计方法，有助于测量两个连续变量之间的距离（误差）。连续变量可以被定义为可能具有无限多个取值的变量。尽管 MAE 很难计算，但它被认为比 MSE 表现更好，因为它独立于对误差影响较大的平方函数。图 1-18 展示了实际应用中的 MAE。

$$\text{MAE} = \frac{1}{n} \sum_{i=1}^{n} |P_i - A_i|$$

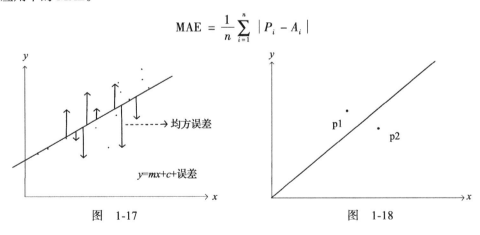

图　1-17　　　　　　　　　　　　　　图　1-18

精确率、召回率和准确率

计算分类性能的另一个方法是估算模型的精确率、召回率和准确率。

精确率被定义为所有判定为正类的实例中真正是正类的实例的比例：

$$\text{精确率}(P) = \frac{\text{正类被判定为正类的数量}}{\text{正类被判定为正类的数量} + \text{负类被判定为正类的数量}}$$

召回率是判定正确的正类实例占所有真正是正类的实例的比例：

$$召回率 = \frac{正类被判定为正类的数量}{正类被判定为正类的数量 + 负类被判定为负类的数量}$$

准确率是判定正确的实例占所有被判定的实例的比例。

$$准确率 = \frac{正类被判定为正类的数量 + 负类被判定为负类的数量}{\begin{matrix}正类被判定为\\正类的数量\end{matrix} + \begin{matrix}正类被判定为\\负类的数量\end{matrix} + \begin{matrix}负类被判定为\\正类的数量\end{matrix} + \begin{matrix}负类被判定为\\负类的数量\end{matrix}}$$

假文档检测是真实世界中的例子，可以用来解释上述概念。对于假新闻检测系统，精确率是检测到的假文档中真正的假文档的比例。召回率是所有真正的假文档中被检测出的假文档的比例。准确率衡量这种系统检测真假文档的总体正确性。图 1-19 展示了假文档检测系统。

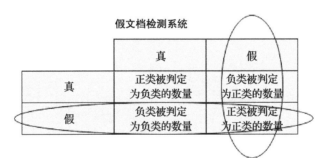

召回率=正类被判定为正类的数量/检测结果正确的文档数量
精确率=正类被判定为正类的数量/真正的假文档的数量

图　1-19

1.1.7.5　如何改进模型性能

若模型具有低准确率和高泛化误差，则需要改进以获得更好的结果。可以通过提高数据质量、切换至不同的算法或使用集成学习调整当前算法性能，来提高模型性能。

获取数据以提高性能

获取更多数据来训练模型可以改善性能。性能降低也可能是由于缺乏纯净的数据，因此需要对数据进行清洗，重新采样和归一化。重新审查特征生成过程也可以提高性能。通常，模型中缺乏独立特征也是导致其性能偏差的因素。

切换机器学习算法

模型性能不符合标准通常是因为没有选择正确的算法。在这种情况下，使用不同的算法执行基线测试有助于进行最优选择。基线测试方法包括但不限于 k 重交叉验证。

集成学习以提高性能

通过集成多种算法的性能，可以提高模型的性能。混合预测和数据集有助于进行正确的预测。当前一些非常复杂的人工智能系统就是这样构成的。

1.1.8　机器学习实践

当前，机器学习在工业和数据驱动研究领域被广泛应用。因此，让我们介绍一些帮助利用小型或大型数据集创建机器学习应用程序的工具。图 1-20 展示了目前使用的各种机器学习工具和语言。

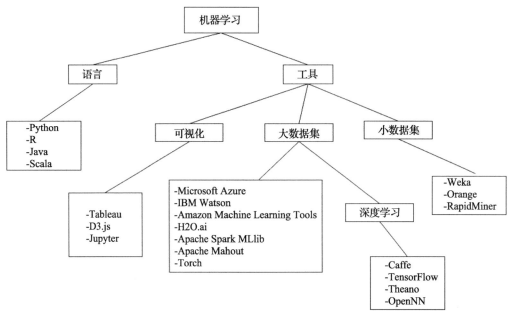

图　1-20

1.1.8.1　用于机器学习的 Python

Python 是开发机器学习应用程序的首选语言，虽然不是最快的语言，但其由于多功能性已被数据科学家广泛采用。

Python 支持各种工具和软件包，使机器学习专家能够灵活地实现更改。Python 是一种脚本语言，易于改写和编码。Python 还被广泛用于图形用户界面（GUI）开发。

1.1.8.2　比较 Python 2.x 与 Python 3.x

与 Python 3.x 相比，Python 2.x 是旧版本。Python 3.x 最初在 2008 年发布，Python 2.x 在 2010 年最后一次发布更新。尽管基于 2.x 版本的桌面应用程序使用体验很完美，但值得一提的是 2.x 版本在 2.7 版本发布后就不再更新。

几乎所有能使用的机器学习包都支持 2.x 和 3.x 版本。但是，为了保持版本最新，我们将在本书讨论的用例中使用 3.x 版本。

1.1.8.3　Python 安装

决定要安装 Python 2 还是 Python 3 后，就可以从 Python 网站下载最新版本：

https://www.python.org/download/releases/

在运行下载的文件时，除非明确进行修改，否则 Python 将被安装在以下目录中：

- Windows 系统：

  C:\Python2.x

  C:\Python3.x

- macOS 系统：

  /usr/bin/python

- Linux 系统：

  /usr/bin/python

 如果在 Windows 系统上安装，将要求你使用正确的路径设置环境变量。

要检查已安装的 Python 版本，可以运行以下代码：

```
import sys
print ("Python version:{}",format(sys.version))
```

1.1.8.4　Python 交互式开发环境

使用频率较高的 Python 交互式开发环境（IDE）如下：

- Spyder
- Rodeo
- Pycharm

- Jupyter

出于开发目的，我们将使用 IPythonJupyter Notebook，因为它具有用户友好的交互环境。Jupyter 允许代码移植和轻松标记。Jupyter 是基于浏览器的，因此支持不同类型的导入、导出和并行计算。

Jupyter Notebook 安装

安装 Jupyter Notebook 的步骤如下：

- 首先下载 Python、Python 2.x 或 Python 3.x，作为 Jupyter Notebook 安装的基础条件。
- 完成 Python 的安装后，从 https://www.anaconda.com/download/ 下载 Anaconda，具体取决于所在的操作系统。Anaconda 是 Python 的包 / 环境管理器。默认情况下，Anaconda 在安装时自带 150 个软件包和另外 250 个开源软件包。
- 首先下载 Python、Python 2.x 或 Python 3.x，作为 Jupyter Notebook 安装的基础条件。
- 也可以通过运行以下命令来安装 Jupyter Notebook：

```
pip install --upgrade pip
pip3 install jupyter
```

如果你使用的是 Python 2，则需要用 pip 替换 pip3。

安装后，只需键入 jupyter notebook 即可运行它。这将在主浏览器中打开 Jupyter Notebook。或者，可以从 Anaconda 浏览器打开 Jupyter。图 1-21 展示了 Jupyter 页面。

图 1-21

1.1.8.5　Python 包

在本节中，我们将介绍 Python 机器学习架构的主要组件。

NumPy

NumPy 是一个免费的 Python 包，用于执行任何计算任务。在进行统计分析或机器学习时，NumPy 非常重要。NumPy 包含用于求解线性代数，傅里叶变换和其他数值分析的复杂函数，可以通过运行以下命令来安装 NumPy：

```
pip install numpy
```

要通过 Jupyter 安装 NumPy，使用以下命令：

```
import sys
!{sys.executable} -m pip install numpy
```

SciPy

SciPy 是一个在 NumPy 数组对象的基础上创建的 Python 包，包含一系列函数，例如积分、线性代数和 e-processing 函数。它可以像 NumPy 一样安装。NumPy 和 SciPy 通常一起使用。

要检查系统中已安装的 SciPy 版本，可以运行以下代码：

```
import scipy as sp
print ("SciPy version:{}",format(sp.version))
```

scikit-learn

scikit-learn 是一个免费的 Python 包，也是用 Python 编写的。scikit-learn 提供了一个机器学习库，支持几种主流的机器学习算法，用于分类、聚类、回归等。scikit-learn 非常适合机器学习的初学者。运行以下命令可以轻松安装 scikit-learn：

```
pip install sklearn
```

要检查软件包是否已成功安装，请在 Jupyter Notebook 或 Python 命令行中使用以下代码进行测试：

```
import sklearn
```

如果前面的参数没有抛出错误，则表示已成功安装。

scikit-learn 需要安装两个依赖包，NumPy 和 SciPy。scikit-learn 自带了一些内置数据集，例如：

- Iris 数据集
- 乳腺癌数据集
- 糖尿病数据集
- 波士顿房价数据集

`libsvm` 和 `svmlight` 中的其他公共数据集也可以进行加载，如下所示：

http://www.csie.ntu.edu.tw/ $\sim$ cjlin/libsvmtools/datasets/

使用 scikit-learn 加载数据的示例脚本如下：

```
from sklearn.datasets import load_boston
boston=datasets.load_boston()
```

pandas

pandas 开源包提供易用的数据结构和数据帧，对数据分析很有用，可用于统计学习。pandas 数据帧允许不同的数据类型共存，这与 NumPy 数组非常不同，NumPy 数组存储相同的数据类型。

Matplotlib

Matplotlib 是用于绘图的包，用于在 2D 空间中创建可视化。Matplotlib 可以在 Jupyter Notebook、Web 应用程序服务器或其他用户界面中使用。

让我们绘制一个 `sklearn` 库中可用的 Iris 数据的小样本，该样本数据有 150 个数据样本，维度为 4。

我们在 Python 环境中导入 `sklearn` 和 `matplotlib` 库并检查数据和特征，如下面的代码所示：

```
import matplotlib.pyplot as plt
from sklearn import datasets
iris = datasets.load_iris()
print(iris.data.shape) # gives the data size and dimensions
print(iris.feature_names)
```

输出结果如下：

```
Output:
(150, 4)
['sepal length (cm)', 'sepal width (cm)', 'petal length (cm)', 'petal width
(cm)']
```

我们提取前两个维度并将其绘制在坐标图上，如下所示：

```
X = iris.data[:, :2] # plotting the first two dimensions
y = iris.target
x_min, x_max = X[:, 0].min() - .5, X[:, 0].max() + .5
y_min, y_max = X[:, 1].min() - .5, X[:, 1].max() + .5
plt.figure(2, figsize=(8, 6))
plt.clf()plt.scatter(X[:, 0], X[:, 1], c=y, cmap=plt.cm.Set1,
 edgecolor='k')
plt.xlabel('Sepal length')
plt.ylabel('Sepal width')
```

得到的坐标图如图 1-22 所示。

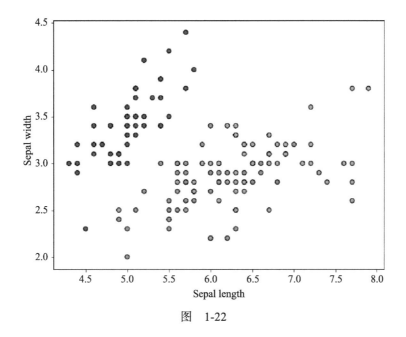

图　1-22

1.1.8.6　使用 Python 的 MongoDB

MongoDB 可以快速存储且在很短时间内检索大量的非结构化数据。MongoDB 使用 JSON 格式按行存储数据。因此，可以存储没有共同模式的任何数据。鉴于其具有分布性，接下来的一些章节将使用 MongoDB。MongoDB 将数据分发到多个服务器来实现容错分发。MongoDB 在存储数据时生成主键。

安装 MongoDB

在 Windows、macOS 或 Linux 系统上安装 MongoDB 的步骤如下：

（1）从以下链接下载用于 Windows 或 Mac 系统的 MongoDB：

https://www.mongodb.com/download-center

（2）在 Linux 系统上，可以通过以下代码下载：

```
sudo apt-get install -y mongodb-org
```

（3）MongoDB 需要一个独立的存储库，以供安装时提取和存储内容。

（4）开启 MongoDB 服务。

PyMongo

要通过 Python 使用 MongoDB，我们将使用 PyMongo 库。PyMongo 包含用于操作 MongoDB 的工具。还有一些库可以作为 MongoDB 的对象数据映射器，但是建议使用 PyMongo。

为了安装 PyMongo，可以运行以下代码：

```
python -m pip install pymongo
```

或者，可以使用以下代码：

```
import sys
!{sys.executable} -m pip install pymongo
```

最后，导入 PyMongo 库，然后与 MongoDB 建立连接，就可以开始使用 MongoDB 了，如下面的代码所示：

```
import pymongo
connection = pymongo.MongoClient()
```

在创建与 MongoDB 的成功连接时，可以继续执行不同的操作，例如列出已有的数据库等，如下所示：

```
connection.database_names() #list databases in MongoDB
```

MongoDB 中的每个数据库在称为集合的容器中存储数据，可以从这些集合中检索数据以执行所需的操作，如下所示：

```
selected_DB = connection["database_name"]
selected_DB.collection_names() # list all collections within the selected
database
```

1.1.8.7　建立开发和测试环境

在本节中，我们将讨论如何建立机器学习环境。我们将从要解决的某个案例入手，一旦确定了具体的问题，就开始选择开发环境，并进行端到端编码。

我们需要获得数据集并将数据划分为测试数据和训练数据，最后通过导入计算和可视化所需的包来完成环境设置。

本书其余部分主要处理不同维度、不同领域的机器学习应用，这里我们将采用最通俗的例子——股票价格预测。我们使用具有 xx 个点和 yy 个维度的标准数据集。

用例

我们提出了一个用例：创建一个股票预测器，提取一组参数，并在指定的特征上进行预测。

数据

可以使用多种数据源（如音频、视频或文本数据）来进行此类预测。然而我们坚持使用单一的文本数据类型。我们使用 scikit-learn 的默认糖尿病数据集，并结合一个回归机器学习模型进行预测和误差分析。

代码

我们将使用 scikit-learn 网站提供的开源代码进行案例研究，网址如下：

http://scikit-learn.org/stable/auto_examples/linear_model/plot_ols.html#sphx-glr-auto-examples-linear-model-plot-ols-py

我们将导入下面的包：

- matplotlib
- numPy
- sklearn

我们将使用回归分析，接下来导入 linear_model、mean_square_error 和 r2_score 库，如以下代码所示：

```
print(__doc__)
# Code source: Jaques Grobler
# License: BSD 3 clause
import matplotlib.pyplot as plt
import numpy as np
from sklearn import datasets, linear_model
from sklearn.metrics import mean_squared_error, r2_score
```

导入糖尿病数据并执行以下操作：

- 列出维度和大小。
- 列出特征。

上述操作的相关代码是：

```
# Load the diabetes dataset
diabetes = datasets.load_diabetes()
print(diabetes.data.shape) # gives the data size and dimensions
print(diabetes.feature_names
print(diabetes.DESCR)
```

该数据具有 442 行数据和 10 个特征。特征如下：

```
['age', 'sex', 'bmi', 'bp', 's1', 's2', 's3', 's4', 's5', 's6']
```

为了训练模型，我们使用单个特征，即个人的 bmi，如下所示：

```
# Use only one feature
diabetes_X = diabetes.data[:, np.newaxis, 3]
```

在本章前面，我们讨论了必须要选择合适的训练集和测试集。在我们的案例中，保留最后 20 个项进行测试，如下面的代码所示：

```
# Split the data into training/testing sets
diabetes_X_train = diabetes_X[:-20]#everything except the last twenty
itemsdiabetes_X_test = diabetes_X[-20:]#last twenty items in the array
```

此外，我们还将目标分为训练集和测试集，如下所示：

```
# Split the targets into training/testing sets
diabetes_y_train = diabetes.target[:-20]
everything except the last two items
diabetes_y_test = diabetes.target[-20:]
```

接下来，我们对此数据执行回归来生成结果。我们使用训练集数据拟合模型，然后使用测试数据集对目标测试集进行预测，如下面的代码所示：

```
# Create linear regression object
regr = linear_model.LinearRegression()
#Train the model using the training sets
regr.fit(diabetes_X_train, diabetes_y_train)
# Make predictions using the testing set
diabetes_y_pred = regr.predict(diabetes_X_test)
```

通过计算均方误差和方差计算误差的大小来计算拟合优度，如下所示：

```
# The mean squared error
print("Mean squared error: %.2f"
 % mean_squared_error(diabetes_y_test, diabetes_y_pred))
# Explained variance score: 1 is perfect prediction
print('Variance score: %.2f' % r2_score(diabetes_y_test, diabetes_y_pred))
```

最后，使用 Matplotlib 图绘制预测结果，如下所示：

```
# Plot outputs
plt.scatter(diabetes_X_test, diabetes_y_test, color='black')
plt.plot(diabetes_X_test, diabetes_y_pred, color='blue', linewidth=3)
plt.xticks(())
plt.yticks(())
plt.show()
```

输出的图如图 1-23 所示。

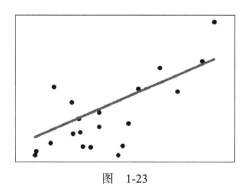

图　1-23

1.2　总结

在本章，我们介绍了机器学习的基础知识，简要讨论了如何将机器学习应用于日常用例及其与网络安全世界的关系，还介绍了进行机器学习需要掌握的数据的不同方面，讨论了机器学习的不同阶段和不同的机器学习算法。我们还介绍了该领域的实际平台。

最后，我们介绍了机器学习的实际操作，如 IDE 安装、包安装以及工作环境搭建，并通过一个具体例子演示了整个过程。

在下一章，我们将介绍时序分析和集成模型。

第2章

时间序列分析和集成建模

在本章，我们将研究机器学习的两个重要概念：时间序列分析和集成学习。

我们使用这些概念来检测系统中的异常，通过分析历史数据并将其与当前数据进行比较，来检测与正常活动之间的偏差。

本章涉及的内容如下：

- 时间序列及其不同种类。
- 时间序列分解。
- 网络安全中的时间序列分析。
- DDoS 攻击预测。
- 用于检测网络攻击的集成学习方法和投票集成方法。

2.1 什么是时间序列

时间序列被定义为按照时间排列的数据点数组，数据点表示一个时间间隔内发生的活动，常见的例子是某个时间间隔内交易的股票总数，还包括股票价格和每秒交易信息等其他细节。与连续时间变量不同，这些时间序列数据点是不同时间点的离散值，因此，这种变量通常被称为离散数据变量。在任何最小或最大时间量上都可以收集时间序列数据，收集数据的时间段没有上限或下限。

时间序列数据包括如下内容：

- 形成时间戳的特定时间实例。
- 开始时间戳和结束时间戳。

● 实例总运行时间。

图 2-1 展示了房屋销售量（左上），国库券合同（右上），电力生产量（左下）和道琼斯指数（右下）的图表。

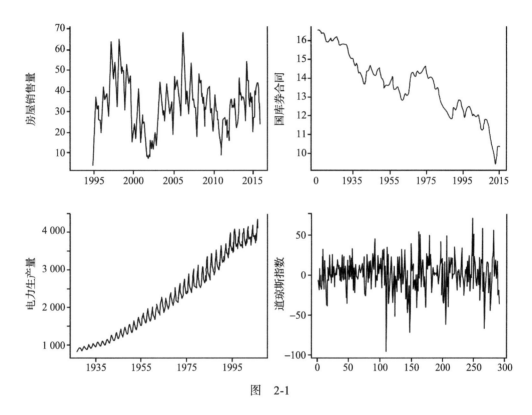

图　2-1

时间序列分析

时间序列分析是对时间序列数据点的挖掘和研究，是一种解释定量数据并计算其随时间变化的方法。时间序列分析涉及单变量和多变量时间分析。这种基于时间的分析方法被应用于许多领域，如信号处理、股票市场预测、天气预报、人口统计预测和网络攻击检测。

时间序列模型的平稳性

时间序列必须是稳定的，否则在技术上不可能从顶部构建时间序列模型，这可以被称为模型构建的先决条件。对于平稳时间序列，均值、方差和自相关函数随时间一致地分布。

图 2-2 展示了平稳时间序列（顶部）和非平稳时间序列（底部）的波形图。

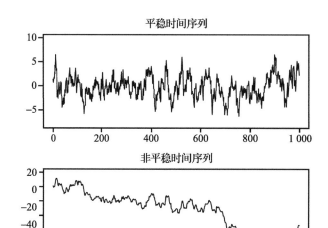

图   2-2

严格平稳的过程

严格平稳的过程是具有随机概率分布的过程，使得其联合概率分布与时间无关。

强平稳性：如果两个或多个随机向量对所有索引和整数具有相等的联合分布，则该时间序列被称为强平稳或严格平稳的，例如：

$$随机向量 1= \{ Xt1, Xt2, Xt3, \cdots, Xtn \}$$
$$随机向量 2 = \{ Xt1+s, Xt2+s, Xt3+s, \cdots, Xtn+s \}$$

- s 是全体整数。
- $t1, \cdots, tn$ 是全体索引。

弱（或广义）平稳性：如果时间序列对于过程的第一和第二时刻具有移位不变性，则称其为弱平稳的。

时间序列中的相关性

接下来我们将介绍自相关及其部分函数。

自相关

为了选择两个变量作为时间序列建模的候选对象，需要在所述变量之间执行统计相关性分析，每个变量、高斯曲线和皮尔逊系数用于识别两个变量之间存在的相关性。

在时间序列分析中，自相关测量历史数据（称为滞后）。自相关函数（ACF）用于绘制与滞后相关的曲线。在 Python 中，自相关函数计算如下：

```
import matplotlib.pyplot as plt
import numpy as np
import pandas as p
from statsmodels.graphics.tsaplots import plot_acf
data = p.Series(0.7 * np.random.rand(1000) + 0.3 * np.sin(np.linspace(-9 *
np.pi, 9 * np.pi, num=1000)))
plot_acf(data)
pyplot.show()
```

上述代码的输出如图 2-3 所示。

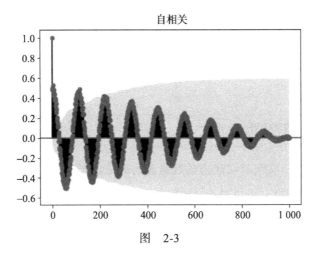

图 2-3

部分自相关函数

部分自相关函数（PACF）可被定义为在较短时间延迟内的值之间存在受限或不完整的相关性时的时间序列。

PACF 与 ACF 不同。使用 PACE，当前数据点的自相关和周期滞后的自相关具有直接或间接的相关性。PACF 概念在自回归模型中被大量使用。

在 Python 中，PACF 函数可以按如下方式计算：

```
import matplotlib.pyplot as plt
import numpy as np
import pandas as p
from statsmodels.graphics.tsaplots import plot_pacf
```

```
data = p.Series(0.7 * np.random.rand(1000) + 0.3 * np.sin(np.linspace(-9 *
np.pi, 9 * np.pi, num=1000)))
plot_pacf(data, lag = 50)
pyplot.show()
```

PACF 的输出如图 2-4 所示。

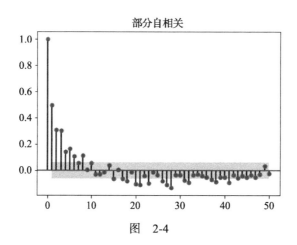

图   2-4

2.2   时间序列模型的类型

对于现有的用例，根据时间序列的数量和时间之间的关系可以被划分成不同类型，针对不同类型涉及的问题，可以用不同的机器学习算法进行处理。

2.2.1   随机时间序列模型

随机过程是可以使用随机变量定义的随机数学对象，数据点随时间随机变化。依据历史数据点，随机过程可以再分为三类：自回归（AR）模型、滑动平均（MA）模型和积分（I）模型。这些模型的组合形成自回归滑动平均值（ARMA）、自回归积分滑动平均值（ARIMA）和自回归分数积分滑动平均值（ARFIMA）。我们将在本章的后面使用它们。

2.2.2   人工神经网络时间序列模型

人工神经网络（ANN）是时间序列模型中随机过程的替代方案，通过使用常规检测和模式识别来帮助预测，可以智能地检测规律和归纳数据。与多层感知器的随机模型相比，前馈神经网络（FNN）和时滞神经网络（TLNN）主要用于非线性时间序列模型。

2.2.3 支持向量时间序列模型

支持向量机（SVM）是另一种精确的非线性技术，可用于从时间序列数据中获得有意义的经验，适用于非线性和非静态数据。与其他时间序列模型不同，支持向量机可以在无历史数据的情况下进行预测。

2.2.4 时间序列组件

时间序列有助于检测数据中的有趣模式，从而识别规律性和不规律性。其参数涉及数据中的抽象级别。因此，可以基于抽象级别将时间序列模型划分为组件，即系统组件和非系统组件。

2.2.4.1 系统模型

系统模型是具有重复属性的时间序列模型，数据点表示一致性，因此容易进行建模。这种系统模式是从数据中观察到的趋势、季节性和级别。

2.2.4.2 非系统模型

非系统模型缺乏季节性，因此不容易建模。它是随时间标记的随机数据点，缺乏任何趋势、级别或季节性。这种模型中的噪声很大，通常是由不准确的数据收集方案造成的，启发式模型适用于非系统模型。

2.3 时间序列分解

时间序列分解能更好地帮助理解现有的数据，分解模型会创建一个可用于概括数据的抽象模型。分解涉及识别数据的趋势和季节性、周期性和不规律的组件，利用这些组件理解数据是系统化的建模类型。

下面我们将研究这些重复属性以及它们如何帮助分析时间序列数据。

2.3.1 级别

我们之前讨论过关于时间序列的滑动平均，级别可以被定义为一系列时间序列数据点的平均值。

2.3.2　趋势

时间序列中的数据点值随时间递减或递增，它们也可能遵循循环模式。数据点值的增加或减少被称为数据的趋势。

2.3.3　季节性

数据点值的增加或减少具有周期性，这种模式被称为季节性。一个例子是玩具商店，其中销售的玩具数量有增有减，但每年 11 月的感恩节，销售额都会飙升，这与一年中其他时间销售额增加或减少的量不同。

2.3.4　噪声

噪声是序列中随机增加或减少的值。我们通常以加法模型的形式处理前面的系统组件，其中加法模型可以被定义为级别、趋势、季节性和噪声的总和。另一种类型称为乘法模型，其中组件是彼此的乘积。

接下来的图有助于区分加法模型和乘法模型。图 2-5 展示了加法模型：

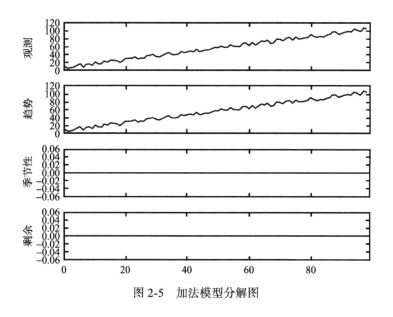

图 2-5　加法模型分解图

数据分解在数据分析中起着重要作用，我们使用 pandas 内置数据集（"International

airline passengers: monthly totals in thousands, Jan 49-Dec 60"数据集）来理解这些不同的组件。该数据集包含 1949 ～ 1960 年 Box 和 Jenkins 共 144 个销售观测数据。让我们导入并绘制数据：

```
from pandas import Series
from matplotlib import pyplot
airline = Series.from_csv('/path/to/file/airline_data.csv', header=0)
airline.plot()
pyplot.show()
```

图 2-6 展示了数据的季节性，以及随着时间的推移，曲线的高度（振幅）如何增加。

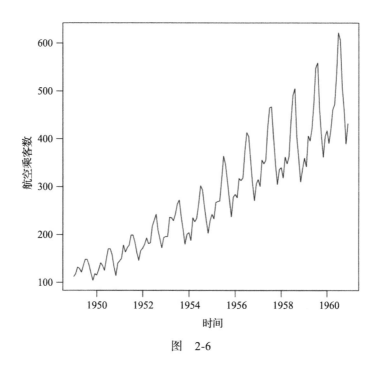

图　2-6

我们可以使用加法模型计算图 2-6 的趋势和季节性，如下所示：

```
from pandas import Series
from matplotlib import pyplot
from statsmodels.tsa.seasonal import seasonal_decompose
airline = Series.from_csv('/path/to/file/airline_data.csv', header=0)
result = seasonal_decompose(airline, model='additive')
result.plot()
pyplot.show()
```

上面代码的输出如图 2-7 所示。

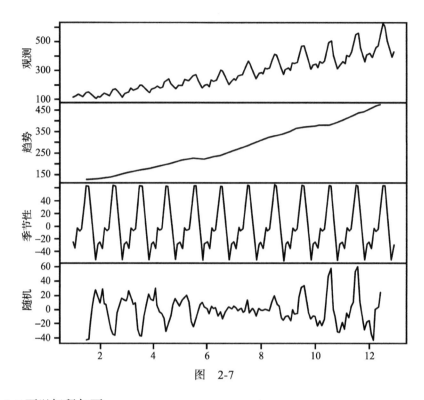

图   2-7

图 2-7 可以解释如下：

- 观测：常规航空公司数据图表。

- 趋势：观测到的增长趋势。

- 季节性：观测到的数据的季节性。

- 随机：删除初始季节性模式后首次观测到的图形。

2.4   时间序列用例

在 2.4.1 节，我们将讨论利用时间序列从非常大的数据集中提取有价值信息的不同领域。无论是社交媒体分析、点击流趋势还是系统日志生成，时间序列都可用于具有时间敏感性的数据挖掘。

2.4.1   信号处理

使用时间序列分析数字信号处理从噪声和信号的混合物中识别信号，信号处理使用各种方法来完成此识别，如平滑、关系、卷积等。时间序列有助于测量信号平稳性态的偏差，这些变化或偏差就是噪声，如图 2-8 所示。

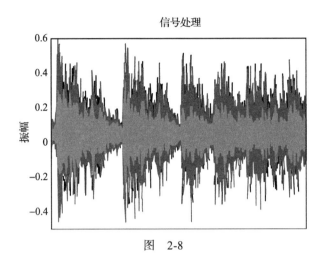

图   2-8

2.4.2　股市预测

股市预测是时间序列分析的另一个用例。通过分析数据，投资者可以对股票做出有根据的猜测。虽然像公司历史这样的非数学成分确实在股市预测中起到了作用，但它们很大程度上取决于历史股市的趋势，我们可以对不同股票的历史交易价格进行趋势分析，并使用预测分析来预测未来价格。此类分析需要数据点，即交易期间每小时的股票价格。通过执行时间序列分析，定量分析师和交易算法使用这些数据点做出投资决策。

图 2-9 展示了使用历史股票数据进行预测的时间序列。

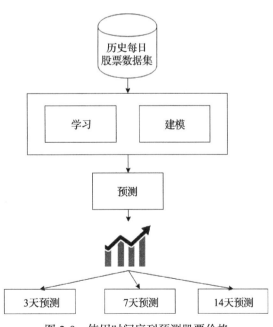

图 2-9　使用时间序列预测股票价格

2.4.3 天气预报

时间序列分析是气象领域常用的过程，在一段时间内获得的温度数据点有助于检测可能的气候变化。通过分析数据中的季节性来预测天气变化，如风暴、飓风或暴风雪，然后采取预防措施以降低损失。

图 2-10 展示了天气预报中的时间序列。

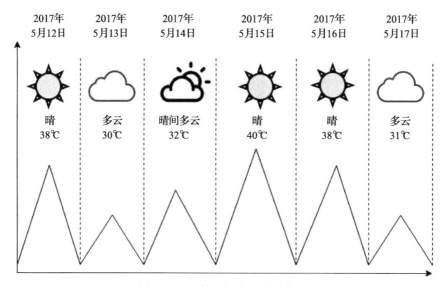

图 2-10   天气预报中的时间序列

2.4.4 侦察检测

我们可以使用时间序列的概念来检测恶意软件入侵或针对系统的网络攻击的早期迹象。在攻击的最早阶段，恶意软件只是在系统中寻找漏洞，寻找松散开放的端口和外围设备，从而嗅探系统的有关信息。网络攻击的早期阶段非常类似于军方调查新地区以侦察敌人的活动，因此被称为侦察阶段。网络攻击的 6 个阶段如图 2-11 所示。

图   2-11

2.5　网络安全中的时间序列分析

计算机攻击会中断日常服务，造成数据丢失和网络中断。时间序列分析可通过数据拟合或预测，帮助检测数据中的异常或异常值。时间序列分析有助于阻止入侵并将信息损失降至最低。图 2-12 显示某路由平台遭受的攻击逐年增长。

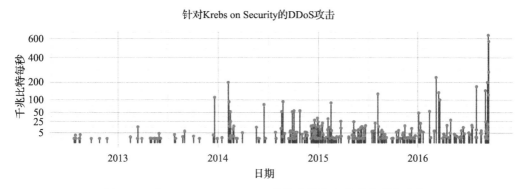

图 2-12　在 krebsonsecurity.com 的路由平台上截获的所有攻击

2.6　时间序列趋势和季节性峰值

时间序列分析可用于检测攻击尝试，如失败登录，通过绘制登录尝试数据识别峰值（/），此类峰值表示一次账户接管（ATO）事件。

时间序列识别的另一个网络安全用例——数据泄露，指未经授权的数据从计算机系统被发送到恶意位置。时间序列可以识别从网络传输出去的巨大网络数据包。数据泄露可能是由于外部入侵或内部风险。在本章的后面，我们将使用集成学习方法来识别攻击来源。

我们将在下一小节了解攻击的细节，本章的目标是能够检测到攻击侦察，以便在早期阶段防止系统被入侵，并将信息损失降至最低。

2.6.1　用时间序列检测分布式拒绝服务

分布式拒绝服务（DDoS）是一种网络安全威胁，通过发送大量网络流量来破坏在线服务。这种攻击通常以利用僵尸网络攻击目标网络开始，可能具有以下特征：

- 僵尸网络向托管服务器发送大量请求。
- 僵尸网络发送大量随机数据包，从而使网络无法运行。

时间序列分析有助于识别与时间有关的网络模式，这种模式检测是通过对网络历史流量数据的监测完成的，有助于识别像 DDoS 这样的攻击。这样的攻击有可能是致命的。将网络流量的常规数据作为基线，叠加入侵活动数据，将有助于检测与正常状态之间的偏差。

我们将分析此用例，并选择一种机器学习模型，在整个网络崩溃之前检测此类 DDoS 攻击。

我们使用网站 donotddos.com 接收的入侵流量作为数据集，分析该网站 30 天的历史网络流量数据，并检测该网站当前接收的流量是否属于 DDoS 攻击。

在讨论这个用例之前，我们将分析 Python 的 datetime 数据类型，因为它是时间序列模型的构成要素。

2.6.2　处理时间序列中的时间元素

本节通过一些练习来说明时间序列元素的特征：

（1）导入 Python 内置的 datetime 包，如下所示：

```
from datetime import datetime
```

（2）要获取当前日期 / 时间作为时间戳，请执行以下操作：

```
timestamp_now = datetime.now()
datetime(2018, 3, 14, 0, 10, 2, 17534)
```

执行前面的代码将获得以下输出：

```
datetime.datetime(2018, 3, 14, 0, 10, 2, 17534)
```

（3）只需执行以下操作即可获得两个时间戳之间的差异：

```
time_difference = datetime(2018,3,14) - datetime(2015,2,13,0,59)
datetime.timedelta(1124, 82860)
```

（4）可以通过以下方式从前面的代码中提取日期：

```
time_difference.days = 1124
```

（5）可以通过以下方式提取秒数：

```
time_difference.seconds = 82860
```

（6）日期时间也可以相互添加。

2.6.3　解决用例问题

该用例包括以下阶段：

- 在 pandas 数据帧中导入数据。
- 确定数据被正确清洗。
- 根据模型要求分析数据。
- 从数据中提取特征并再次分析特征以测量相关性、方差和季节性。
- 用适合的拟合时间序列模型预测当前数据是否是 DDoS 攻击。

图 2-13 展示了整个流程。

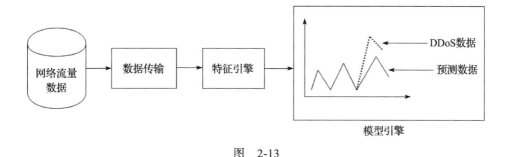

图　2-13

2.6.4　导入包

我们导入了将此用例可视化所需的相关 Python 包，如下所示：

```
import pandas as p
import scaborn as sb
import numpy as n
%matplotlib inline
import matplotlib.pyplot as pl
```

2.6.4.1　在 pandas 中导入数据

我们的数据存储在一个 CSV 文件中，CSV 文件是用逗号分隔的文本文件。导入数据时，需要识别数据中的标题。我们处理来自网络的数据包，其包含的属性如下：

- Sl Num：序列号。

- Time：捕获记录的时间。

- Sourse：网络数据包的源地址或来源。

- Destination：网络的目标地址。

- Volume：以 KB 级交换的数据量。

- Protocol：网络协议，SMTP、FTP 或 HTTP。

```
pdata_frame = pd.read_csv("path/to/file.csv", sep=',', index_col =
'Sl Num', names = ["Sl Num", "Time", "Source",
"Destination","Volume", "Protocol"])
```

让我们转储数据帧的前几行并查看数据，以下代码显示数据包捕获数据集的前 10 行：

```
pdata_frame.head(n=9)
```

输出如下：

Sl Num	Time	Source	Destination	Volume	Protocol
1	1521039662	192.168.0.1	igmp.mcast.net	5	IGMP
2	1521039663	192.168.0.2	239.255.255.250	1	IGMP
3	1521039666	192.168.0.2	192.168.10.1	2	UDP
4	1521039669	192.168.10.2	192.168.0.8	20	DNS
5	1521039671	192.168.10.2	192.168.0.8	1	TCP
6	1521039673	192.168.0.1	192.168.0.2	1	TCP
7	1521039674	192.168.0.2	192.168.0.1	1	TCP
8	1521039675	192.168.0.1	192.168.0.2	5	DNS
9	1521039676	192.168.0.2	192.168.10.8	2	DNS

2.6.4.2　数据清洗和转换

我们的数据集基本上是纯净的，因此可直接将该数据转换为更有意义的格式。例如，数据的时间戳采用 epoch 格式，epoch 格式也被称为 Unix 或 Posix 时间格式。我们将此格式转换为之前讨论过的日期时间格式，如下所示：

```
import time
time.strftime('%Y-%m-%d %H:%M:%S', time.localtime(1521388078))

Out: '2018-03-18 21:17:58'
```

在 Time 列上执行上述操作，将其添加到新列，并将其命名为 Newtime：

```
pdata_frame['Newtime'] = pdata_frame['Time'].apply(lambda x:
time.strftime('%Y-%m-%d %H:%M:%S', time.localtime(float(x))))
```

将数据转换为更易读的格式后，再来看其他数据列。由于其他列看起来非常整洁，因此我们将保持原样。Volume 列是下一个需要研究的数据，按小时以同样的方式汇总该列，并使用以下代码绘制它：

```
import matplotlib.pyplot as plt
plt.scatter(pdata_frame['Time'],pdata_frame['Volume'])
plt.show() # Depending on whether you use IPython or interactive mode, etc.
```

为了对数据进行进一步分析，我们需要聚合数据以生成特征。

我们提取以下特征：

- 对于任何源，计算每分钟交换的数据包的量。
- 对于任何源，计算每分钟接收的连接总数。

图 2-14 展示了未处理的数据如何通过数据分析成为特征引擎中的数据。

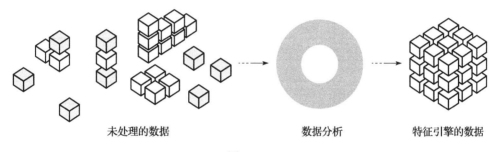

未处理的数据　　　　　　　　数据分析　　　　　特征引擎的数据

图　2-14

2.6.5　特征计算

由于我们每分钟都会进行计算，因此我们将时间四舍五入到分，如下面的代码所示：

```
_time = pdata_frame['Time'] #Time column of the data frame
edited_time = []
for row in pdata_frame.rows:
        arr = _time.split(':')
        time_till_mins = str(arr[0]) + str(arr[1])
        edited_time.append(time_till_mins) # the rounded off time
source = pdata_frame['Source'] # source address
```

前面代码的输出是取整到分的时间，即 2018-03-18 21:17:58 将变为 2018-03-18 21:17:00，如下所示：

```
'2018-03-18 21:17:00'
'2018-03-18 21:18:00'
'2018-03-18 21:19:00'
'2018-03-18 21:20:00'
'2018-03-19 21:17:00'
```

我们通过迭代给定源的时间数组来计算特定源每分钟建立的连接数：

```
connection_count = {} # dictionary that stores count of connections per
minute
for s in source:
    for x in edited_time :
        if  x in connection_count :
            value = connection_count[x]
            value = value + 1
            connection_count[x] = value
        else:
            connection_count[x] = 1
new_count_df #count # date #source
```

connection_count 字典给出连接数。上面代码的输出如下：

Time	Source	Number of Connections
2018-03-18 21:17:00	192.168.0.2	5
2018-03-18 21:18:00	192.168.0.2	1
2018-03-18 21:19:00	192.168.0.2	10
2018-03-18 21:17:00	192.168.0.3	2
2018-03-18 21:20:00	192.168.0.2	3
2018-03-19 22:17:00	192.168.0.2	3
2018-03-19 22:19:00	192.168.0.2	1
2018-03-19 22:22:00	192.168.0.2	1
2018-03-19 21:17:00	192.168.0.3	20

我们将使用以下代码对数据进行分解，以观察数据呈现的趋势和季节性。分解数据可以更有效地检测异常行为，即 DDoS 攻击，如下面的代码所示：

```
from statsmodels.tsa.seasonal import seasonal_decompose
result = seasonal_decompose(new_count_df, model='additive')
result.plot()
pyplot.show()
```

数据生成图 2-15 所示的图表，我们能从整体识别数据的季节性和趋势。

接下来，计算数据的 ACF 函数来理解变量之间的自相关性，使用以下代码实现：

```
from matplotlib import pyplot
from pandas.tools.plotting import autocorrelation_plot
autocorrelation_plot(new_count_df)
pyplot.show()
```

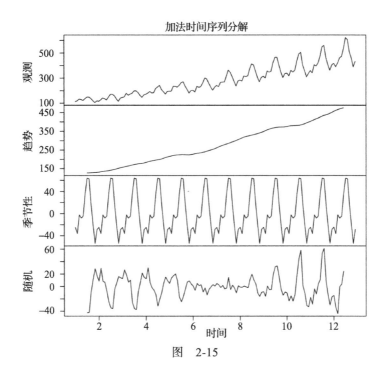

图　2-15

2.7　预测 DDoS 攻击

现在我们已经识别出了季节性，即将通过拟合随机模型来确定网络数据趋势的基线。接下来应用我们已经定义的系统参数。

2.7.1　ARMA

ARMA 是一个弱随机平稳过程，即提供时间序列 X_t 时，ARMA 有助于预测相对于当前值的未来值。ARMA 包含两个部分：

- 自回归（p）
- 滑动平均（q）

$$X_t = c + \varepsilon_t + \sum_{i=1}^{p} \varphi_i X_{t-i} + \sum_{i=1}^{q} \theta_i \varepsilon_{t-i}$$

- c= 常数
- ε_t= 白噪声
- θ= 参数

2.7.2   ARIMA

ARIMA 是 ARMA 的扩展版本，有助于理解数据或进行预测。该模型可以应用于非平稳数据集，因此需要进行差分初始化。ARIMA 可以是季节性的也可以是非季节性的，用 (p, d, q) 定义，其中：

- p=AR 模型的顺序
- d= 引用度
- q= 滑动平均的顺序

$$\left(1 - \sum_{i=1}^{p} \phi_i L^i \right) (1 - L)^d X_t = \delta + \left(1 + \sum_{i=1}^{q} \theta_i L^i \right) \varepsilon_t$$

其中：

- X_t= 给定的时间序列
- L= 滞后算子
- ε_t= 误差
- 偏差是 $\delta / (1 - \sum \phi_i)$

2.7.3   ARFIMA

ARFIMA 是一个扩展的 ARIMA 模型，允许差分参数是非整数值，是具有长期记忆的时间序列模型。

现在我们已经讨论了每个随机模型的细节，我们将使用基线网络数据拟合模型，将 stats 模型库用于 ARIMA 随机模型，向 ARIMA 模型输入 p、d 和 q 值。自回归的滞后值设置为 10，顺序差异设置为 1，滑动平均值设置为 0，使用 fit 函数来拟合训练 / 基线数据。拟合模型如下所示：

```
# fitting the model
model = ARIMA(new_count_df, order=(10,1,0))
fitted_model = model.fit(disp=0)
print(fitted_model.summary())
```

上面是拟合整个训练集的模型，我们可以利用它查找数据中的残差。此方法可帮助我们更好地理解数据，但不能用于预测。要查找数据中的残差，我们可以用 Python 执行以下操作：

```
# plot residual errors
residuals_train_data = DataFrame(fitted_model.resid)
residuals_train_data.plot()
pyplot.show()
```

最后，我们使用 `predict()` 函数预测数据中的当前模式，导入可能包含 DDoS 攻击的当前数据：

- 训练数据：一个月的基线网络数据。

- 测试数据：DDoS 攻击数据。

```
from statsmodels.tsa.arima_model import ARIMA
from sklearn.metrics import mean_squared_error
ddos_predictions = list()
history = new_count_df
for ddos in range(len(ddos_data)):
    model = ARIMA(history, order=(10,1,0))
      fitted_model = model.fit(disp=0)
      output =fitted_model.forecast()
```

如下代码所示，通过计算预测的 DDoS 无网络数据与有网络数据之间的均方差来绘制两者之间的误差。

```
pred = output[0]
ddos_predictions.append(pred)
error = mean_squared_error(ddos_data,ddos_predictions)
```

2.8　集成学习方法

集成学习方法根据多个模型的组合结果进行预测，从而提高系统的性能。集成模型考虑多个模型的输出来克服过拟合的问题，有助于削弱任何单一模型带来的问题。

对于时间序列模型，集成学习存在的问题是每个数据点都具有时间依赖性。如果我们从整体查看数据，就可以忽略时间依赖性组件。时间依赖性组件指传统集成方法，如 bagging、boosting 和随机森林等。

2.8.1　集成学习的类型

可以通过多种方式集成模型来获得最佳性能。

2.8.1.1　平均

该集成方法从多个预测中考虑预测结果的均值。在这里，集成模型整体的平均值取决于集成的选择，因此，该值随着模型的不同而不同，如图 2-16 所示。

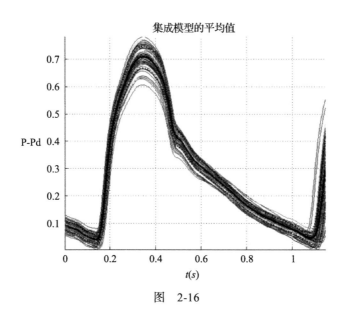

图   2-16

2.8.1.2   投票法

该集成方法将多个模型投票表决的预测结果视为最终结果。例如在将电子邮件归类为垃圾邮件时，若至少四分之三的电子邮件将某个文档归类为垃圾邮件，则将其视为垃圾邮件。

图 2-17 展示了投票法的分类过程。

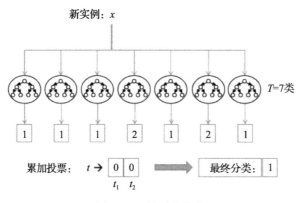

图 2-17   投票法分类

2.8.1.3　加权平均法

这种集成方法为多个模型分配权重，在考虑所有预测的平均值时，还考虑权重。这种方法更多地考虑权重大的模型。

2.8.2　集成算法的类型

接下来我们介绍不同类型的集成算法。

2.8.2.1　bagging

这是一种自举聚合器，将平等的投票权分配给每个模型。在进行判定时，通过抽取不同的随机子集来保持不同聚合器的差异。

随机森林是 bagging 方法的扩展，是决策树的集合，有助于分类、回归和决策。导入 `RandomForestClassifier` 的代码如下所示：

```
import pandas
from sklearn import model_selection
from sklearn.ensemble import RandomForestClassifier
get_values = new_count_df.values
A =get_values[:,0:8]
B =get_values[:,8]
seed = 7
number_of_trees = 50
max_num_features = 2
kfold_crossval = model_selection.KFold(n_splits=10, random_state=seed)
model = RandomForestClassifier(n_estimators=num_trees,
max_features=max_features)
results = model_selection.cross_val_score(model, A, B, cv=kfold_crossval)
print(results.mean())
```

2.8.2.2　boosting

boosting 是一种集成学习方法，其中每个新的学习模型都是采用先前学习算法错误分类的实例来训练的，这个过程由一系列弱学习器组成，它们的组合可以对整个训练数据集进行分类。这种模型存在过拟合问题。

2.8.2.3　stacking

该集成方法依赖于模型的预测，将集成学习模型叠加在一起，每个学习模型将其预测传递给顶部模型，使得顶部模型使用来自先前模型层的预测作为输入。

2.8.2.4　贝叶斯参数平均法

这是一种集成学习方法，其中贝叶斯参数平均模型根据假设空间中的假设和贝叶斯算法来逼近最优分类器，这里假设空间的采样使用蒙特卡罗采样、吉布斯采样等算法。这种方法也被称为贝叶斯模型平均法。

2.8.2.5　贝叶斯模型组合法

贝叶斯模型组合（BMC）法是贝叶斯模型平均（BMA）法的变形，在所有可选模型空间中进行集成，可以得到较好的结果，其性能远远优于 bagging 和 BMA 算法。该方法使用交叉验证方法评估模型的结果，从一系列模型中选择更好的模型。

2.8.2.6　模型桶

此方法使用模型选择算法为每个用例找到性能最佳的模型，需要在许多用例中测试这些模型，通过加权和平均来获得最佳模型。它类似于 BMC 方法，利用交叉验证方法选择模型。如果用例数量非常多，则不应选择耗时较多的模型。这种考虑选择快速学习模型的方法也被称为路标学习。

2.8.3　集成技术在网络安全中的应用

与其他机器学习技术一样，集成技术在网络安全中也很有用。在之前的 DDoS 预测用例中，我们将用集成方法代替时间序列模型来进行预测攻击。

2.9　用投票集成方法检测网络攻击

在投票集成方法中，每个模型都可以对结果进行预测，最终根据多数投票得到预测结果的决策。还有一种高级投票方式，称为加权投票法，其中某些预测模型具有更高的权重，可进行更高特权的预测：

（1）导入相应的库：

```
import pandas
from sklearn import model_selection
from sklearn.linear_model import LogisticRegression
from sklearn.tree import DecisionTreeClassifier
from sklearn.svm import SVC
from sklearn.ensemble import VotingClassifier
```

（2）通过采用 SVC、决策树和逻辑回归等算法的投票机制检测网络攻击，使用投票分类器选择三者中最好的算法。接下来，创建子模型并将它们传递给 DDoS 数据集，如下所示：

```
voters = []
log_reg = LogisticRegression() # the logistic regression model
voters.append(('logistic', model1))
desc_tree = DecisionTreeClassifier() # the decision tree classifier
model
voters.append(('cart', model2))
cup_vec_mac = SVC() # the support vector machine model
voters.append(('svm', model3))
```

（3）对于最终投票，投票分类器的调用方法如下：

```
# create the ensemble model
ensemble = VotingClassifier(voters)
```

（4）通过执行 k 重交叉验证选择最终模型：

```
results = model_selection.cross_val_score(ensemble, X, Y, cv=kfold)
print(results.mean())
```

2.10　总结

在本章，我们介绍了时间序列分析和集成学习的理论，以及可以实现这些方法的现实用例，还针对网络安全中常见的 DDoS 攻击案例介绍了一种攻击预测方法。

在下一章，我们将介绍如何鉴别合法和恶意的 URL。

第 3 章

鉴别合法和恶意的 URL

据调查，目前世界上有约 47% 的人会上网，随着万维网（WWW）的发展，我们沉浸于各种互联网网站，但这会使我们面临风险，因为难以区分合法和恶意的 URL。

本章我们将使用机器学习方法轻松区分合法和恶意的 URL，包含以下内容：

- 理解 URL 以及它们如何符合 Internet 地址协议。
- 介绍恶意 URL。
- 介绍恶意 URL 的不同传播方式。
- 使用启发式方法检测恶意 URL。
- 使用机器学习检测恶意 URL。

URL 指统一资源定位符，本质上是万维网中网页的地址。URL 通常在 Web 浏览器的地址栏中显示，符合下面的地址协议：

```
scheme:[//[user[:password]@]host[:port]][/path][?query][#fragment]
```

URL 可以包括超文本传输协议（HTTP）或安全超文本传输协议（HTTPS），还有文件传输协议（FTP）、简单邮件传输协议（SMTP）和其他协议（如 telnet、DNS 等）。URL 由顶级域名、主机名、路径和网址的端口组成，如图 3-1 所示。

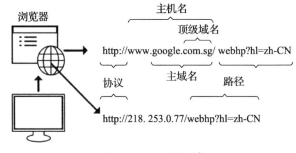

图 3-1　URL 的组成

3.1 URL 中的异常类型介绍

恶意 URL 是出于恶意目的创建的 URL,通常预示网络攻击即将发生。它可能离我们很近,让我们每个人在有意或无意访问这类网站时受到攻击。

Google 浏览器具备内置的恶意 URL 检测功能,图 3-2 展示了检测到恶意网址时显示的消息。

图　3-2

恶意网址将我们引到一些网站,这些网站可能向我们出售假冒产品(如药品)、来路不明的产品(如劳力士手表)等,还可能销售各类商品,如电脑屏幕保护程序和奇怪的图片等。

恶意的网址也可能导致用户访问钓鱼网站,即模仿真实网站的网站,例如银行和信用卡公司的网站,其唯一目的是窃取密码。

下面的两个截图展示了合法的美国银行登录页面和虚假的美国银行登录页面,两者之间的区别在于假网页具有非法网址。

图 3-3 是合法的美国银行网页,并不是恶意网站。

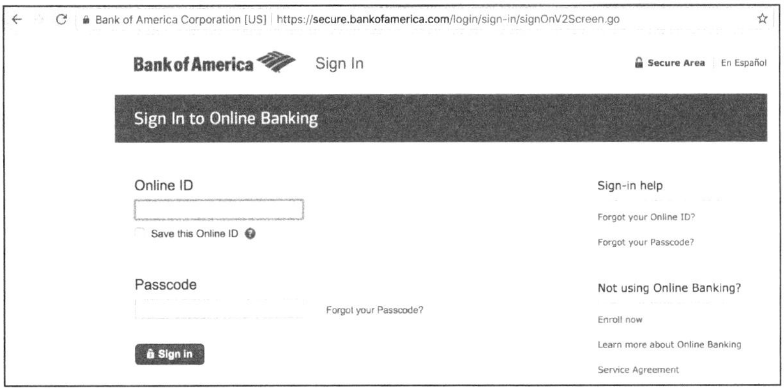

图　3-3

图 3-4 是虚假的美国银行网页, 其 URL 不是美国银行的网址。

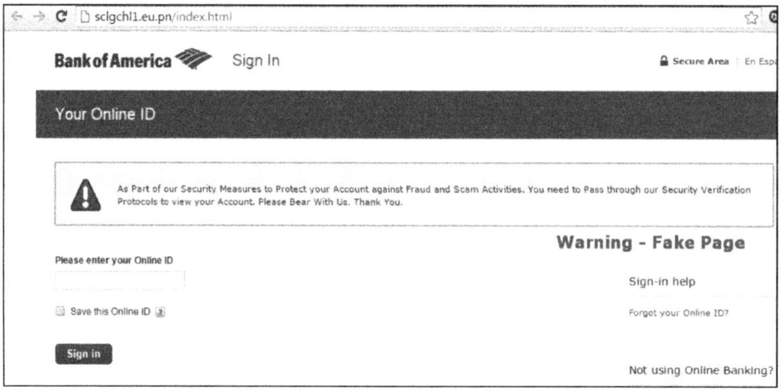

图 3-4

URL 黑名单

有一些检测恶意 URL 的传统方法, 其中黑名单是一个包含已被识别为有害 URL 的静态列表, 这些 URL 数据通常来源于 Web 安全公司和代理商, 主要可分为多种类型, 具体如下。

隐秘下载 URL

隐秘下载是指访问某些网站时可能会自动下载软件, 当用户首次点击某个 URL 时, 可能会进行下载操作, 但用户并不知道这个操作带来的后果。隐秘下载也可能是由感染系统的恶意软件引起的, 是最常见的攻击形式。

图 3-5 展示了一种隐秘下载的过程, 并说明了恶意电子邮件如何被发送给用户并使用户将恶意软件下载到计算机。

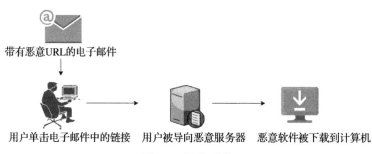

图 3-5 隐秘下载

命令和控制 URL

命令和控制 URL 是指将目标计算机连接到命令和控制服务器的恶意软件的 URL，这与常见的恶意 URL 不同，因为它并不总是通过外部或远程服务器连接到命令和控制 URL 的病毒，这里的连接是由内而外的，如图 3-6 所示。

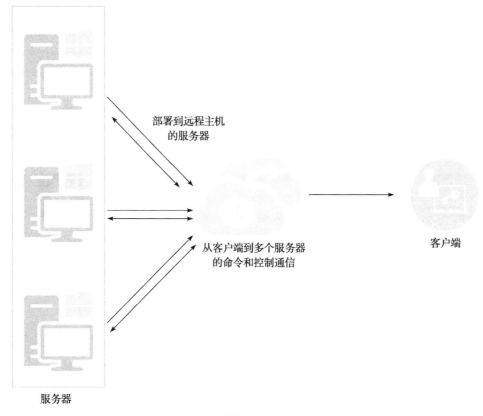

图　3-6

钓鱼 URL

钓鱼 URL 是一种通过诱骗用户或者将 URL 伪装成合法或可信赖的 URL 来窃取敏感数据（如个人身份信息）的攻击形式。钓鱼通常借助电子邮件或即时消息，将 URL 伪装成合法网站来引诱用户访问，如图 3-7 所示。

图　3-7

3.2　使用启发式方法检测恶意网页

我们已经讨论了不同种类的 URL，例如良性 URL、垃圾邮件 URL 和恶意 URL。在下面的练习中，我们将对 URL 进行分类，预测它们将重定向到的网页的类型：良性 URL 始终将我们带到正常网站；垃圾邮件 URL 会带我们到命令和控制服务器，试图向我们出售来路不明的商品；恶意 URL 会带我们到向系统安装恶意软件的网站。由于实际上并未访问 URL 指向的页面，因此将节省大量资源，获得更好的性能。

3.2.1　分析数据

我们从不同来源收集数据，创建包含大约 1000 个 URL 的数据集，对这些 URL 进行预标注：良性的、垃圾邮件和恶意的。图 3-8 所示是 URL 数据集的一部分。

```
http://uol.com.br,0
http://google.pl,0
http://ebay.co.uk,0
http://netflix.com,0
http://dailymotion.com,0
http://cnet.com,0
http://delta-search.com,0
http://dailymail.co.uk,0
http://rakuten.co.jp,0
http://aliexpress.com,0
http://aol.com,0
http://dce.edu,0
http://google.com,0
http://stackoverflow.com/questions/8551735/how-do-i-run-python-code-from-sublime-text-2,0
http://paypal.com.webscr.cmd.login.submit.dispatch.5885d80a13c0db1f8e263663d3faee8db2b24f7b84f1819343fd6c338b1d9d.222studio.com
http://paypal-manager-login.net/konflikt/66211165125/,1
http://paypal-manager-loesung.net/konflikt/66211165125/,1
http://paypal-manager-account.net/konflikt/66211165125/,1
http://www.paypal-manager-account.net/konflikt/6222649185/index.php,1
http://www.paypal-manager-login.net/konflikt/79235228200/index.php,1
http://paypal.com.laveaki.com.br/PayPal.com/,1
http://paypal.com.client.identifiant.compte.clefs.informations.upgarde.mon.compte.personnel.ghs56hge556rg4h6qe4th654f84e84r8e.h
http://msd2003.com/rche/index.htm,1
http://paypal-manager-loesung.net/konflikt/6624985147/index.php,1
http://eadideal.com.br/conteudos/material/66/Netzro-Login.html,1
http://tahmid.ir/user/?cmd=_home&amp;dispatch=5885d80a13c0db1f8e&amp;ee=669498ee5d0b4b381fd2bb1cceb52112,1
http://208.115.247.198/paypal.com.au.434324.fdsfsd32423423.fadfafas.3423423432fsfdafsdfsd/index1.php,1
http://www.paypal-manager-service.net/konflikt/785549116/index.php?webapps=/mpp/verkaufen,1
http://www.nervemobilization.com/update/06bb5b5bd8b1be54b78648f4993a1de1/protect.html,1
http://www.nervemobilization.com/update/15f58e7e4a736e2cd442b733e8755716/protect.html,1
http://sionaviatur.ru/wp-includes/syystemyj/index50.htm,1
```

图   3-8

3.2.2 特征提取

上述数据是结构化的，并且已经预标注过，因此可以直接从中提取特征。我们将主要提取特定的词汇特征、主机特征和流行度特征。

3.2.2.1 词汇特征

词汇特征通过分析句子的词法单位得出，词汇语义由完整的单词或半形成的单词组成。我们将从现有的 URL 中提取词法特征并进行分析，提取不同的 URL 要素，如地址（由主机名、路径等组成）。

首先导入头文件，如下面的代码所示：

```
from url parse import urlparse
import re
import urllib2
import urllib
from xml.dom import minidom
```

```
import csv
import pygeoip
```

接着，导入必要的包，然后进行 URL 分词。分词是将 URL 分割成几个部分，词是指被切分到序列中的部分，用于语义操作。让我们用 " The quick brown fox jumps over the lazy dog" 这个句子来作为分词的示例，如下面的代码所示：

```
Tokens are:
 The
 quick
 brown
 fox
 jumps
 over
 the
 lazy
 dog
```

在继续 URL 分词之前，需要使用以下代码检查它是否是 IP 地址：

```
def get_IPaddress(tokenized_words):
    count=0;
    for element in tokenized_words:
        if unicode(element).isnumeric():
            count= count + 1
        else:
            if count >=4 :
                return 1
            else:
                count=0;
    if count >=4:
        return 1
    return 0
```

然后进行 URL 分词：

```
def url_tokenize(url):
    tokenized_word=re.split('\W+',url)
    num_element = 0
    sum_of_element=0
    largest=0
    for element in tokenized_word:
        l=len(element)
    sum_of_element+=l
```

对于具有平均长度的空元素，使用如下代码：

```
        if l>0:
            num_element+=1
            if largest<l:
                largest=l
try:
    return [float(sum_of_element)/num_element,num_element,largest]
```

```
except:
    return [0,num_element,largest]
```

引诱人们访问恶意网站的钓鱼 URL 通常比较长，其中每个分词用点隔开。对一些恶意电子邮件进行分析后，我们在分词中搜索一些模式。

我们将执行以下步骤，在分词中搜索这些数据模式：

（1）在分词中查找 ".exe"，如果 URL 的分词中包含 exe 文件指针，则标记它，如下面的代码所示：

```
def url_has_exe(url):
 if url.find('.exe')!=-1:
     return 1
 else :
     return 0
```

（2）查找与钓鱼相关的常用词，即 "confirm" "account" "banking" "secure" "rolex" "login" "signin" 等，如下面的代码所示：

```
def get_sec_sensitive_words(tokenized_words):
    sec_sen_words=['confirm', 'account', 'banking', 'secure',
'rolex', 'login', 'signin']
    count=0
    for element in sec_sen_words:
        if(element in tokenized_words):
            count= count + 1;
    return count
```

3.2.2.2　基于 Web 内容的特征

我们还可以查找恶意网页中的一些常见特征，例如：

- 网页中 HTML 标记的数量。

- 网页中超链接的数量。

- 网页中的内嵌框架的数量。

可以使用以下代码搜索这些特征：

```
def web_content_features(url):
    webfeatures={}
    total_count=0
    try:
        source_code = str(opener.open(url))
        webfeatures['src_html_cnt']=source_code.count('<html')
        webfeatures['src_hlink_cnt']=source_code.count('<a href=')
        webfeatures['src_iframe_cnt']=source_code.count('<iframe')
```

还可以计算可疑 JavaScript 对象的数量，如下所示：

- eval
- escape
- link
- underescape
- exec() 函数
- 搜索函数

可以使用以下代码计算这些对象的数量：

```
webfeatures['src_eval_cnt']=source_code.count('eval(')
webfeatures['src_escape_cnt']=source_code.count('escape(')
webfeatures['src_link_cnt']=source_code.count('link(')
webfeatures['src_underescape_cnt']=source_code.count('underescape('
)
        webfeatures['src_exec_cnt']=source_code.count('exec(')
        webfeatures['src_search_cnt']=source_code.count('search(')
```

还可以计算 html 标记、超链接和内嵌框架在 webfeatures 中出现的次数，如以下代码所示：

```
    for key in webfeatures:
        if(key!='src_html_cnt' and key!='src_hlink_cnt' and
key!='src_iframe_cnt'):
            total_count=total_count + webfeatures[key]
        webfeatures['src_total_jfun_cnt']=total_count
```

还可以查找一些其他 Web 特征，并对异常情况进行处理，如以下代码所示：

```
except Exception, e:
    print "Error"+str(e)+" in downloading page "+url
    default_value=nf

    webfeatures['src_html_cnt']=default_value
    webfeatures['src_hlink_cnt']=default_value
    webfeatures['src_iframe_cnt']=default_value
    webfeatures['src_eval_cnt']=default_value
    webfeatures['src_escape_cnt']=default_value
    webfeatures['src_link_cnt']=default_value
    webfeatures['src_underescape_cnt']=default_value
    webfeatures['src_exec_cnt']=default_value
    webfeatures['src_search_cnt']=default_value
    webfeatures['src_total_jfun_cnt']=default_value

return webfeatures
```

3.2.2.3　基于主机的特征

主机服务允许用户将网站发布到万维网上，一般来说，多个网站共同租用一个服务器。通过主机服务，我们将能够找到要访问的每个 URL 对应的 IP 地址。我们还可以查询自治系统编号（ASN），该编号是中央网络运营商控制的 IP 路由前缀集合。如图 3-9 所示，我们通过 ASN 信息查询已被标记为恶意 ASN 类别的网站。

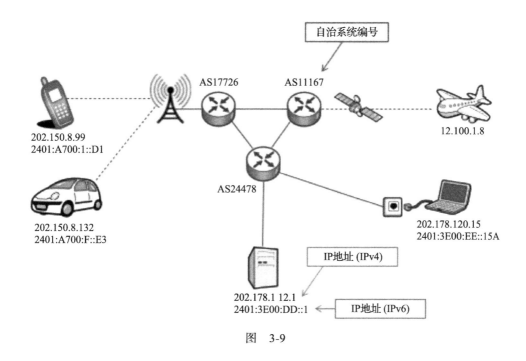

图　3-9

以下代码可以帮助识别 ASN，该编号是唯一的，用于标识交换路由详细信息的自治系统：

```
def getASN(host_info):
    try:
        g = pygeoip.GeoIP('GeoIPASNum.dat')
        asn=int(g.org_by_name(host_info).split()[0][2:])
        return asn
    except:
        return nf
```

3.2.2.4　网站流行度特征

我们使用 Alexa 的网站排名系统识别哪些 URL 是恶意的，哪些是良性的。Alexa 查看访问该网站的人数，根据受欢迎程度（即流行度）对网站进行排名。我们使用的是 Alexa 对网站流行度的排名。基本思路是：非常受欢迎的网站通常不是恶意网站。

Alexa 上最受欢迎的十大网站如图 3-10 所示。

Google	google.com	1
YouTube	youtube.com	2
Facebook	facebook.com	3
Baidu	baidu.com	4
Wikipedia	wikipedia.org	5
Reddit	reddit.com	6
Yahoo!	yahoo.com	7
Google India	google.co.in	8
Tencent QQ	qq.com	9
Amazon	amazon.com	10

图　3-10

以下 Python 函数用于检测流行度：

```
def site_popularity_index(host_name):
    xmlpath='http://data.alexa.com/data?cli=10&dat=snbamz&url='+host_name
    try:
        get_xml= urllib2.urlopen(xmlpath) # get the xml
        get_dom =minidom.parse(get_xml) # get the dom element
        get_rank_host=find_ele_with_attribute(get_dom,'REACH','RANK')
        ranked_country=find_ele_with_attribute(get_dom,'COUNTRY','RANK')
        return [get_rank_host,ranked_country]
    except:
        return [nf,nf]
```

我们将使用前面的参数鉴别恶意和合法的 URL。合法的 URL 将具有良性 ASN，并且具有较高的网站流行度。但这些只是用于检测恶意 URL 的启发式度量。

3.3　使用机器学习方法检测恶意 URL

这是一个分类问题，我们可以使用几个分类方法来解决该问题，如下所示：

- 逻辑回归。
- 支持向量机。
- 决策树。

3.3.1　用于检测恶意 URL 的逻辑回归

我们将使用逻辑回归来检测恶意 URL。在创建模型前，让我们看下数据集。

3.3.1.1　数据集

我们有以逗号隔开的数据文件，第一列是 URL，第二列是标签，说明 URL 的好坏。数据集如下所示：

```
url,label
diaryofagameaddict.com,bad
espdesign.com.au,bad
iamagameaddict.com,bad
kalantzis.net,bad
slightlyoffcenter.net,bad
toddscarwash.com,bad
tubemoviez.com,bad
ipl.hk,bad
crackspider.us/toolbar/install.php?pack=exe,bad
pos-kupang.com/,bad
rupor.info,bad
svision-
online.de/mgfi/administrator/components/com_babackup/classes/fx29id1.txt,ba
d
officeon.ch.ma/office.js?google_ad_format=728x90_as,bad
sn-gzzx.com,bad
sunlux.net/company/about.html,bad
outporn.com,bad
timothycopus.aimoo.com,bad
xindalawyer.com,bad
freeserials.spb.ru/key/68703.htm,bad
deletespyware-adware.com,bad
orbowlada.strefa.pl/text396.htm,bad
ruiyangcn.com,bad
zkic.com,bad
adserving.favorit-
network.com/eas?camp=19320;cre=mu&grpid=1738&tag_id=618&nums=FGApbjFAAA,bad
cracks.vg/d1.php,bad
juicypussyclips.com,bad
nuptialimages.com,bad
andysgame.com,bad
bezproudoff.cz,bad
ceskarepublika.net,bad
hotspot.cz,bad
gmcjjh.org/DHL,bad
nerez-schodiste-zabradli.com,bad
nordiccountry.cz,bad
nowina.info,bad
obada-konstruktiwa.org,bad
otylkaaotesanek.cz,bad
pb-webdesign.net,bad
pension-helene.cz,bad
podzemi.myotis.info,bad
smrcek.com,bad
```

3.3.1.2 模型

逻辑回归模型通过逻辑函数对数据进行分类，通常包括用于估计逻辑模型结果的独立二元变量，如图 3-11 所示。

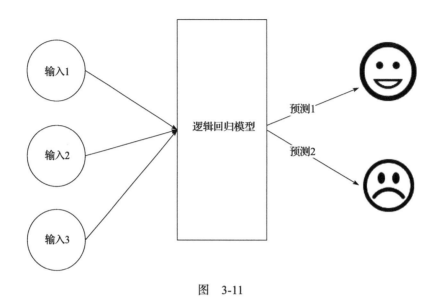

图　3-11

从我们的用例开始，首先使用以下代码导入相应的包：

```
import pandas as pd
import numpy as np
import random
import pickle

from sklearn.model_selection import train_test_split
from sklearn.feature_extraction.text import TfidfVectorizer
from sklearn.linear_model import LogisticRegression
```

在使用 URL 之前，需要对其进行一定程度的清洗。如以下代码所示，通过删除反斜线、点和 com 进行分词，以便将输入数据转换为逻辑回归的二元格式：

```
def url_cleanse(web_url):
 web_url = web_url.lower()

 urltoken = []
 dot_slash = []
 slash = str(web_url).split('/')
 for i in slash:
 r1 = str(i).split('-')
```

```
token_slash = []
for j in range(0,len(r1)):
r2 = str(r1[j]).split('.')
token_slash = token_slash + r2
dot_slash = dot_slash + r1 + token_slash

urltoken = list(set(dot_slash))
if 'com' in urltoken:
urltoken.remove('com')

return urltoken
```

然后，使用以下代码提取数据并将其转换为相关的数据帧：

```
input_url = '~/data.csv'
data_csv = pd.read_csv(input_url,',',error_bad_lines=False)
data_df = pd.DataFrame(data_csv)
url_df = np.array(data_df)
random.shuffle(data_df)
y = [d[1] for d in data_df]
inputurls = [d[0] for d in data_df]
```

现在从 URL 生成词频 – 逆文本频率（TF-IDF）。

TF-IDF

TF-IDF 用于衡量所选单词相对于整个文档的重要程度，这个单词是从单词语料库中选择的。

使用以下代码从 URL 生成 TF-IDF：

```
url_vectorizer = TfidfVectorizer(tokenizer=url_cleanse)
x = url_vectorizer.fit_transform(inputurls)
x_train, x_test, y_train, y_test = train_test_split(x, y, test_size=0.2,
random_state=42)
```

然后，对数据帧执行逻辑回归，如下所示：

```
l_regress = LogisticRegression() # Logistic regression
l_regress.fit(x_train, y_train)
l_score = l_regress.score(x_test, y_test)
print("score: {0:.2f} %".format(100 * l_score))
url_vectorizer_save = url_vectorizer
```

最后，为便于后期使用，将模型和向量保存在文件中，如下所示：

```
file = "model.pkl"
with open(file, 'wb') as f:
 pickle.dump(l_regress, f)
f.close()

file2 = "vector.pkl"
with open(file2,'wb') as f2:
    pickle.dump(vectorizer_save, f2)
f2.close()
```

测试前面代码中拟合的模型，以检查它是否可以正确预测 URL 的好坏，如下面的代码所示：

```
#We load a bunch of urls that we want to check are legit or not

urls = ['hackthebox.eu','facebook.com']
file1 = "model.pkl"

with open(file1, 'rb') as f1:
 lgr = pickle.load(f1)
f1.close()
file2 = "pvector.pkl"
with open(file2, 'rb') as f2:
 url_vectorizer = pickle.load(f2)
f2.close()
url_vectorizer = url_vectorizer
x = url_vectorizer.transform(inputurls)
y_predict = l_regress.predict(x)

print(inputurls)
print(y_predict)
```

有些 URL 已经被识别为好或坏，不必再次对它们进行分类，因此可以创建白名单文件，如下所示：

```
# We can use the whitelist to make the predictions
whitelisted_url = ['hackthebox.eu','root-me.org']
some_url = [i for i in inputurls if i not in whitelisted_url]

file1 = "model.pkl"
with open(file1, 'rb') as f1:
 l_regress = pickle.load(f1)
f1.close()

file2 = "vector.pkl"
with open(file2, 'rb') as f2:
 url_vectorizer = pickle.load(f2)
f2.close()
url_vectorizer = url_vectorizer
x = url_vectorizer.transform(some_url)
y_predict = l_regress.predict(x)

for site in whitelisted_url:
 some_url.append(site)
print(some_url)
l_predict = list(y_predict)
for j in range(0,len(whitelisted_url)):
 l_predict.append('good')
print(l_predict)
```

3.3.2　用于检测恶意 URL 的支持向量机

我们现在使用另一种机器学习方法检测恶意 URL——支持向量机（SVM），一种常用的方法。

支持向量机模型利用两个或多个超平面对数据进行分类，模型的输出是一个分割输入数据集的超平面，如图 3-12 所示。

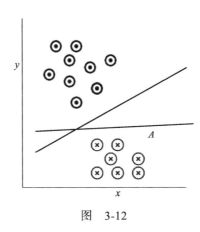

图　3-12

首先导入所需的包。`sklearn` 包提供的 SVM 包（如以下代码所示）非常方便：

```
#use SVM
from sklearn.svm import SVC
svmModel = SVC()
svmModel.fit(X_train, y_train)
#lsvcModel = svm.LinearSVC.fit(X_train, y_train)
svmModel.score(X_test, y_test)
```

使用 SVM 分类器训练好模型后，我们再次加载模型和特征向量以预测 URL 的性质，如以下代码所示：

```
file1 = "model.pkl"
with open(file1, 'rb') as f1:
 svm_model = pickle.load(f1)
f1.close()
file2 = "pvector.pkl"
with open(file2, 'rb') as f2:
 url_vectorizer = pickle.load(f2)
f2.close()

test_url = "http://www.isitmalware.com" #url to test
vec_test_url = url_vectorizer.transform([trim(test_url)])
result = svm_model.predict(vec_test_url)
```

```
print(test_url)
print(result)
```

3.3.3　用于 URL 分类的多类别分类

多类别分类是一种将数据分为多个类别的分类方法。该方法与我们迄今为止使用的二元分类方法不同，它是一对多的。

一对多

多类别分类器的一对多方法使用正样本训练单个类，并标记其他类为负样本。这种方法要求基类产生具有实际值的置信度，就像我们在二元分类中看到的那样产生类标签，图 3-13 展示了这种分类方法的结果。

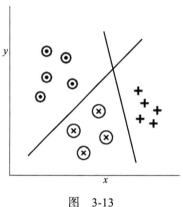

图　3-13

这里的基础分类器是逻辑回归，如下面的代码所示：

```
l_regress = LogisticRegression(maxIter=10, regParam=0.001,
elasticNetParam=0, tol=1E-6, fitIntercept=True )
```

使用以下代码对一对多分类器进行训练：

```
onvsrt = OneVsRest(classifier=lr)
onvsrtModel = onvsrt.fit(trainingUrlData)
```

使用以下代码计算模型在测试数据上的分数：

```
predictions = onvsrtModel.transform(testUrlData)
```

使用以下代码评估模型性能：

```
model_eval = MulticlassClassificationEvaluator(metricName="accuracy")
```

最后，使用以下代码计算分类的准确率：

```
accuracy = model_eval.evaluate(predictions)
```

读者可能发现，我们尚未讨论使用决策树方法对 URL 进行分类。我们将在第 7 章深入研究这个主题。

3.4 总结

本章首先介绍了如何检测 URL 中不同类型的异常，包括 URL 黑名单。然后介绍了如何使用启发式方法检测恶意网页，包括使用数据进行分析和提取不同的特征。最后介绍了如何使用机器学习方法检测恶意 URL。

我们还介绍了如何使用多类别分类器和支持向量机检测恶意 URL。第 4 章我们将学习不同类型的验证码。

第 4 章

破解验证码

验证码（CAPTCHA）是"全自动区分计算机和人类的图灵测试"的简称，用来判断操作计算机系统是人还是机器。

验证码的应用确保了计算机系统的安全，降低了计算机的损失。

本章介绍验证码的工作原理，还涉及以下内容：

- 验证码的特点。
- 使用人工智能技术破解验证码。
- 验证码的类型。
- 用神经网络求解验证码。

图 4-1 展示了用于验证的验证码。

图　4-1

4.1　验证码的特点

验证码的破解很困难，验证码生成算法已经申请专利。但该生成算法已公开，因为这不是一种新颖的算法，而是人工智能的一个难题。因此，验证码破解具有挑战性。

当验证码同时使用以下三种能力时，破解将变得非常困难。

- **一致性图像识别能力**：无论字母的形状或大小如何，人脑都可以自动识别字符。
- **图像分割能力**：将一个字符与另一个字符分离的能力。
- **图像解析能力**：上下文对于识别验证码很重要，因为通常需要解析整个单词，并从单词派生上下文。

4.2　使用人工智能破解验证码

近年来，对人工智能系统进行基准测试的一种常见方法是测试其识别验证码图像的能力。这表示，如果人工智能系统可以破解验证码，那么它也可以解决其他复杂的人工智能系统问题。人工智能系统通过图像识别或文本 / 字符识别技术来破解验证码。图 4-2 展示了验证码图像以及破解图像。

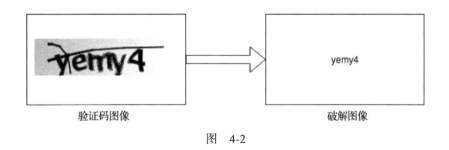

图　4-2

4.2.1　验证码的类型

验证码有如下几种类型：

- **基于阅读的验证码**：这是视觉验证码，包括文本识别器和图像检测器。这种验证码很难破解，但缺点是视障人士无法使用。
- **基于语音识别的验证码**：这是音频验证码。与视觉验证码类似，它是一段杂乱的词语音频。
- **图形验证码**：这是视觉验证码的复杂形式，图形验证码几乎不可能被软件破解。
- **智能验证码**：当验证码与 JavaScript 融合时，它的复杂性呈指数级增长。即使是机器人也难以解析 JavaScript。

- 数学验证码：数学验证码需要知识基础才能破解。
- 逻辑 / 冷知识：这种验证码经常提出逻辑问题和谜题，但我们对于这种验证码提供的抗破解力知之甚少。

图 4-3 展示了不同类型的验证码。

a）文字验证码   b）图片验证码

c）音频验证码   d）视频验证码

图　4-3

还有其他类型的验证码，如图 4-4 所示。

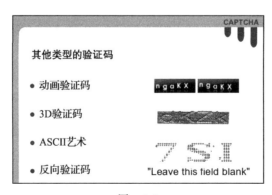

图　4-4

4.2.2　reCAPTCHA

reCAPTCHA 是一项免费的安全服务，可以保护你的网站免受垃圾邮件和滥用的侵害，它旨在区分实际的人和恶意机器人用户。

reCAPTCHA 最初用于识别一些光学字符识别（OCR）无法识别的单词。由于 OCR 无法正确识别，因此这些单词与字典中的任何单词都不匹配。于是把它们转换为验证码，供人识别。

无验证码的 reCAPTCHA

图 4-5 的截图显示了猫的图像，并要求人们识别具有相同主题的图像。

图　4-5

4.2.3　破解验证码

网络犯罪分子通过破解验证码来实现账户接管（ATO）。账户接管是一种凭证盗窃方法，恶意攻击者通过接管受害者的账户或资料进行未经授权的活动。

凭证填充攻击是实现账户接管的一种方式，通过从不同地方或以前的攻击收集的密码来攻破网站，这种形式的账户接管可能需要验证码。诈骗者利用了受害者可能重复使用同一密码的特点。

对于前面的情况，可能通过下面的方法来破解验证码：

- 使用人工破解验证码：恶意攻击者经常使用廉价的人工来破解验证码。负责识别验证码的工人可以按小时或识别的验证码数量获得报酬。恶意攻击者常常从不发达国家获取劳动力，他们能够每小时解读数百个验证码。加州大学圣地亚哥分校的一项研究表明，解决 100 万个验证码需要大约 1000 美元。恶意攻击者也将验证码发送到那些拥有大量识别验证码工人的网站。

恶意攻击者通常利用网站所有者使用的不安全策略，在许多情况下，已识别验证码的会话 ID 可用于绕过现有未识别验证码。

- 使用蛮力破解验证码：使用机器尝试字母和数字字符的所有组合，直到破解验证码。

4.2.4 用神经网络破解验证码

我们将使用卷积神经网络（CNN）检测验证码。首先简要介绍该模型的相关理论，然后介绍 OpenCV 库，该库用于神经网络系统中图像的读取和操作。图 4-6 展示了卷神经网络如何将验证码图像转换成已破解的图像。

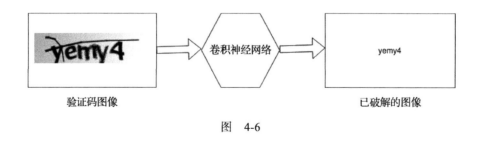

验证码图像　　　　　　　　　　　　　　　　　　　已破解的图像

图　4-6

4.2.4.1 数据集

我们从 research gate 数据库下载 .png 文件格式的验证码，共收集了 1070 个 PNG 图像，并以 7 : 3 的比例进行训练和测试数据集划分。

4.2.4.2　包

我们将需要以下包来创建破解验证码的代码：

- `numpy`

- `imutils`

- `sklearn`

- `tensorflow`

- `keras`

4.2.4.3　卷积神经网络理论

卷积神经网络是前馈神经网络（FFNN）的一种。在深度学习中，卷积神经网络（ConvNet）常用于图像分析，是深度前馈神经网络的一种。

卷积神经网络使用多层感知器的变体设计，很少需要预处理。它们基于共享权重架构和平移不变性特征，也被称为移位不变或空间不变的人工神经网络（SIANN）。

卷积网络受生物过程的启发，其中神经元之间的连接模式类似于动物视觉皮层的组织。个体皮层神经元仅在被称为感受野的受限视觉区域中响应刺激，不同神经元通过感受野的部分重叠覆盖整个视野。

与其他图像分类算法相比，卷积神经网络需要的预处理相对较少。这意味着神经网络需要学习传统算法中人工设计的过滤器。卷积神经网络的主要优点就是无须依靠先验知识和人工参与。

卷积神经网络在图像和视频识别、推荐系统、图像分类、医学图像分析以及自然语言处理（NLP）等领域有着广泛的应用。

4.2.4.4　模型

该模型的工作方式如图 4-7 所示。

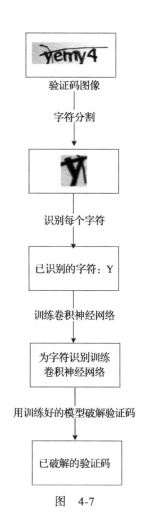

图　4-7

4.2.5 代码

在第一步，我们将使用图像处理技术编写一个机器学习系统，该系统将能够从图像中读取字母。

首先导入相关的包。cv2 是相应的 OpenCV 包，如下面的代码所示：

```
import os
import os.path
import cv2
import glob
import imutils
```

读取图片，然后输出图片中相应的字母：

```
CAPTCHA_IMAGES_PATH = "input_captcha_images"
LETTER_IMAGES_PATH = "output_letter_images"
```

列出输入文件夹中的所有验证码图像并循环遍历所有图像：

```
captcha_images = glob.glob(os.path.join(CAPTCHA_IMAGES_PATH, "*"))
 counts = {}
 for (x, captcha_images) in enumerate(captcha_image_files):
 print("[INFO] processing image {}/{}".format(x + 1,
len(captcha_image_files)))
filename = os.path.basename(captcha_image_file)
captcha_correct_text = os.path.splitext(filename)[0]
```

加载图像后，将其转换为灰度图像并为其添加额外的填充：

```
text_image = cv2.imread(captcha_image_file)
text_to_gray = cv2.cvtColor(text_image, cv2.COLOR_BGR2GRAY)
text_to_gray = cv2.copyMakeBorder(gray, 8, 8, 8, 8, cv2.BORDER_REPLICATE)
```

将图像转换为纯黑色和白色，识别图像的轮廓：

```
image_threshold = cv2.threshold(gray, 0, 255, cv2.THRESH_BINARY_INV |
cv2.THRESH_OTSU)[1]

image_contours = cv2.findContours(image_threshold.copy(),
cv2.RETR_EXTERNAL, cv2.CHAIN_APPROX_SIMPLE)
```

我们需要检查 OpenCV 的版本来保证兼容性：

```
image_contours = image_contours[0] if imutils.is_cv2() else
image_contours[1]
letterImage_regions = []
```

遍历图像并利用相应的矩形获得所有边的轮廓：

```
for image_contours in image_contours:
    (x_axis, y_axis, wid, hig) = cv2.boundingRect(image_contours)
```

比较宽度和高度来检测相应的字母：

```
if wid / hig > 1.25:
half_width = int(wid / 2)
letterImage_regions.append((x_axis, y_axis, half_width, hig))
letterImage_regions.append((x_axis + half_width, y_axis, half_width, hig))
else:
letterImage_regions.append((x_axis, y_axis, wid, hig))
```

如果在提供的图像中检测到多于或少于 5 个字符，则忽略它，因为这意味着没有正确解析验证码：

```
if len(letterImage_regions) != 5:
 continue

letterImage_regions = sorted(letterImage_regions, key=lambda x: x_axis[0])
```

单独保存所有字母：

```
for letterboundingbox, letter_in_text in zip(letterImage_regions,
captcha_correct_text):
x_axis, y_axis, wid, hig = letterboundingbox

letter_in_image = text_to_gray[y_axis - 2:y_axis + hig + 2, x_axis -
2:x_axis + wid + 2]
```

最后，将图像保存在相应的文件夹中，如下所示：

```
save_p = os.path.join(LETTER_IMAGES_PATH, letter_in_text)

if not os.path.exists(save_p):
 os.makedirs(save_p)

c = counts.get(letter_in_text, 1)
p = os.path.join(save_p, "{}.png".format(str(c).zfill(6)))
cv2.imwrite(p, letter_in_image)
counts[letter_in_text] = c + 1
```

4.2.5.1　训练模型

本小节介绍如何训练神经网络模型来识别字符。

首先导入所需的包。LabelBinarizer 类用于将向量一步转换为独热编码（one-hot encoding）。从 model_selection 导入 train_test_split 函数，用于切分测试集和训练集。还要导入其他几个 keras 包用于训练模型：

```
import cv2
import pickle
import os.path
import numpy as np
from imutils import paths
```

```
from sklearn.preprocessing import LabelBinarizer
from sklearn.model_selection import train_test_split
from keras.models import Sequential
from keras.layers.convolutional import Conv2D, MaxPooling2D
from keras.layers.core import Flatten, Dense
from helpers import resize_to_fit
```

我们需要初始化并检查输入的验证码。将图像转换成灰度图像后，确保它们的大小是 20 像素 × 20 像素。我们获取字母和字母的名称，并将其添加到训练集中，如下所示：

```
LETTER_IMAGES_PATH = "output_letter_images"
MODEL = "captcha.hdf5"
MODEL_LABELS = "labels.dat"

dataimages = []
imagelabels = []

for image_file in paths.list_images(LETTER_IMAGES_PATH):

 text_image = cv2.imread(image_file)
 text_image = cv2.cvtColor(text_image, cv2.COLOR_BGR2GRAY)

text_image = resize_to_fit(text_image, 20, 20)
text_image = np.expand_dims(text_image, axis=2)
text_label = image_file.split(os.path.sep)[-2]

dataimages.append(text_image)
 imagelabels.append(text_label)
```

为了便于训练，将像素强度缩放到 [0,1] 的范围内：

```
dataimages = np.array(dataimages, dtype="float") / 255.0
imagelabels = np.array(imagelabels)
```

将训练数据分成训练集和测试集，然后将字母标签转换为独热编码。独热编码与 Keras 库更匹配：

```
(X_train_set, X_test_set, Y_train_set, Y_test_set) =
train_test_split(dataimages, imagelabels, test_size=0.25, random_state=0)

lbzr = LabelBinarizer().fit(Y_train_set)
Y_train_set = lbzr.transform(Y_train_set)
Y_test_set = lbzr.transform(Y_test_set)

with open(MODEL_LABELS, "wb") as f:
 pickle.dump(lbzr, f)
```

最后，构建神经网络。第一个和第二个卷积层都采用最大池化，如下面的代码所示：

```
nn_model = Sequential()

nn_model.add(Conv2D(20, (5, 5), padding="same", input_shape=(20, 20, 1),
activation="relu"))
nn_model.add(MaxPooling2D(pool_size=(2, 2), strides=(2, 2)))

nn_model.add(Conv2D(50, (5, 5), padding="same", activation="relu"))
nn_model.add(MaxPooling2D(pool_size=(2, 2), strides=(2, 2)))
```

隐藏层有 500 个节点，每个输出层有 32 维，这意味着每种可能的输出对应一个字母。

Keras 在后台构建 TensorFlow 模型，从而训练神经网络：

```
nn_model.add(Flatten())
nn_model.add(Dense(500, activation="relu"))

nn_model.add(Dense(32, activation="softmax"))

nn_model.compile(loss="categorical_crossentropy", optimizer="adam",
metrics=["accuracy"])

nn_model.fit(X_train_set, Y_train_set, validation_data=(X_test_set,
Y_test_set), batch_size=32, epochs=10, verbose=1)

nn_model.save(MODEL)
```

4.2.5.2 测试模型

最后，测试模型，以便构建一个能够破解验证码的机器学习解决方案：

```
from keras.models import load_model
from helpers import resize_to_fit
from imutils import paths
import numpy as np
import imutils
import cv2
import pickle
```

加载模型标签和神经网络来测试模型是否能够读取测试集：

```
MODEL = "captcha.hdf5"
MODEL_LABELS = "labels.dat"
CAPTCHA_IMAGE = "generated_captcha_images"

with open(MODEL_LABELS, "rb") as f:
 labb = pickle.load(f)

model = load_model(MODEL)
```

为了检测模型是否能正常运行，从不同的认证网站获取一些验证码图像：

```
captcha_image_files = list(paths.list_images(CAPTCHA_IMAGE))
captcha_image_files = np.random.choice(captcha_image_files, size=(10,),
replace=False)

for image_file in captcha_image_files:
 # grayscale
 image = cv2.imread(image_file)
 image = cv2.cvtColor(image, cv2.COLOR_BGR2GRAY)

#extra padding
 image = cv2.copyMakeBorder(image, 20, 20, 20, 20, cv2.BORDER_REPLICATE)

# threshold
 thresh = cv2.threshold(image, 0, 255, cv2.THRESH_BINARY_INV |
cv2.THRESH_OTSU)[1]

#contours
 contours = cv2.findContours(thresh.copy(), cv2.RETR_EXTERNAL,
cv2.CHAIN_APPROX_SIMPLE)

#different OpenCV versions
 contours = contours[0] if imutils.is_cv2() else contours[1]

letter_image_regions = []
```

遍历 4 个维度并提取字母:

```
for contour in contours:
 (x, y, w, h) = cv2.boundingRect(contour)

if w / h > 1.25:

half_width = int(w / 2)
 letter_image_regions.append((x, y, half_width, h))
 letter_image_regions.append((x + half_width, y, half_width, h))
 else:

letter_image_regions.append((x, y, w, h))
```

从左到右对检测到的字母图像进行排序,并列出预测的字母:

```
letter_image_regions = sorted(letter_image_regions, key=lambda x: x[0])

output = cv2.merge([image] * 3)
 predictions = []

for letter_bounding_box in letter_image_regions:

 x, y, w, h = letter_bounding_box

letter_image = image[y - 2:y + h + 2, x - 2:x + w + 2]

letter_image = resize_to_fit(letter_image, 20, 20)

letter_image = np.expand_dims(letter_image, axis=2)
```

```
letter_image = np.expand_dims(letter_image, axis=0)

prediction = model.predict(letter_image)

letter = labb.inverse_transform(prediction)[0]
 predictions.append(letter)
```

最后，将图像中通过实际字母预测的图像与从预测图像创建的列表进行匹配：

```
cv2.rectangle(output, (x - 2, y - 2), (x + w + 4, y + h + 4), (0, 255, 0),
1)
 cv2.putText(output, letter, (x - 5, y - 5), cv2.FONT_HERSHEY_SIMPLEX,
0.55, (0, 255, 0), 2)

captcha_text = "".join(predictions)
 print("CAPTCHA text is: {}".format(captcha_text))

cv2.imshow("Output", output)
 cv2.waitKey()
```

输出如图 4-8 所示。

图 4-8

4.3 总结

在本章，我们介绍了验证码的不同特点和类型，以及为破解验证码，如何利用人工智能将验证码图像转换为已破解图像，还有网络犯罪分子如何破解验证码来实现账户接管。

我们还介绍了卷积神经网络的理论，这是一种常用于视觉图像分析的深度前馈神经网络。

在下一章，我们将学习如何使用数据科学来捕获电子邮件诈骗和垃圾邮件。

第 5 章

使用数据科学捕获电子邮件诈骗和垃圾邮件

电子邮件诈骗是恶意攻击者的一种欺骗手段，他们为了私人利益用电子邮件诈骗来欺骗无辜的人。这些电子邮件通常包含不真实的优惠，而且主要针对初级用户。

在本章，我们将描述垃圾邮件的工作原理，同时列出一些可以缓解问题的机器学习算法。本章将涉及以下内容：

- 电子邮件诈骗和假冒。
- 电子邮件诈骗的类型。
- 使用朴素贝叶斯分类算法进行垃圾邮件检测。
- 将基于文本的电子邮件转换为数字值的特征化技术。
- 使用逻辑回归进行垃圾邮件检测。

5.1　电子邮件诈骗

电子邮件诈骗是指在电子邮件中伪装成其他人，最常见的诈骗方法是使用同样的发件人名称，但隐藏了发件人的 ID。换句话说，发件人 ID 是假冒的。如果没有有效的方法来验证发件人 ID，就可以进行电子邮件诈骗。简单的邮件传输协议包含以下信息：

```
Mail From:
Receipt to:
Sender's ID:
```

图 5-1 展示了来自 PayPal 的用于更新账户信息的电子邮件。

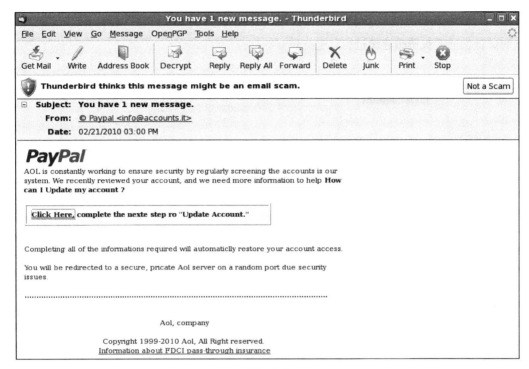

图   5-1

5.1.1   虚假售卖

还有一些电子邮件试图向我们出售商品，它们通常包含看似诱人却不真实的售卖信息。

这些售卖信息可能表示在实际发布日期之前便可购买商品，如 iPhone 在发布之前一个月就可以买到，这样可以使一些爱慕虚荣的人认为可以在正式发布前获得商品并向别人炫耀。

这些虚假售卖也可能试图以低得离谱的价格出售商品，例如价值 100 美元的劳力士手表。最终，此类邮件的目标是窃取信用卡信息或诱使用户购买永远不会发送给他们的产品。

虚假售卖电子邮件的一个示例如图 5-2 所示。

5.1.2   请求帮助

你可能会收到关于请求帮助的电子邮件，里面通常会提及与请求相关的奖励。奖励的范围从手工制品到大笔金钱不等，这些电子邮件类型也被称为预付费诈骗，这种类型的骗局可以追溯到中世纪。这种骗局不仅限于一笔付款，如果受害者成功进行了第一笔支付，他们通常被诱骗连续进行几笔支付。

图   5-2

21 世纪初，一种常见的电子邮件骗局是"尼日利亚王子"。这种消息是通过电子邮件或传真收到的，并被标记为紧急信息。寄件人假装是尼日利亚皇室成员，需要数千美元，且承诺将尽快偿还。

5.1.3　垃圾邮件的类型

垃圾邮件是商业广告的经济手段，自动地将电子邮件发送给目标用户，要求他们购买伪造商品。这是一种赚钱的方案，只需要小小的投资即可推广至大量的用户。

接下来介绍垃圾邮件的几种类型。

5.1.3.1　欺诈邮件

欺诈邮件是欺骗人们的最常见方法。欺诈者发送钓鱼邮件，冒充合法来源以引诱用户输入用户名和密码进行登录，这些电子邮件主要对弱势群体构成威胁。

这种骗局的一个典型例子是，骗子通过模仿合法 PayPal 网站发送电子邮件，让用户重置密码，原因是账户余额突然异常。

电子邮件的内容越合理，人们就越有可能上钩。用户有必要检查此类电子邮件的合法性，需要查看点击链接时的重定向链接。其他的可疑点包括电子邮件地址、语法和与电子邮件相关的任何其他语义。

图 5-3 是一个欺诈邮件的典型示例。

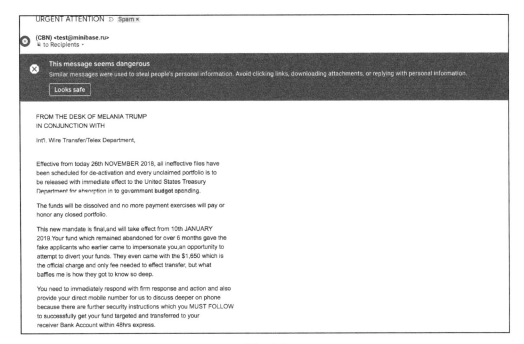

图　5-3

5.1.3.2 CEO 诈骗

CEO 诈骗是一种鱼叉式网络钓鱼，目标是公司的高层管理人员。由于登录凭证被盗，他们遭受了账户接管。

一旦账户接管成功，企业电子邮箱就会被泄露，高层管理人员的企业电子邮箱会被用于发送电汇或发起电汇，这样攻击类型也被称为捕鲸攻击，如图 5-4 所示。

在管理人员缺乏安全意识或没有接受安全培训的情况下，很容易受到这种攻击。因此，应该特别针对 CEO 和 CXO 进行安全培训。

通常，为了防止此类攻击，需要对组织策略进行修改，应强制进行阶段性的认证和授权。

5.1.3.3 域名欺骗

域名欺骗是一种更复杂的网络钓鱼攻击形式，其中域名系统（DNS）缓存遭到篡改。这种攻击更易传播诈骗，但是安全培训基础课程能使用户不易受到这种攻击。在继续讨论攻击的工作细节之前，先解释 DNS 服务器如何工作。DNS 服务器将所有网站域名转化为 IP 地址，以便它们可以轻松映射。Microsoft（https://www.microsoft.com/en-in/）的 IP 地址如下：

骗子接管CEO的账户

CEO的凭据被用于登录

向所有人发送欺诈邮件

图 5-4

```
Checking Domain Name

Domain Name: microsoft.com
Top Level Domain: COM (Commercial TLD)

DNS Lookup
IP Address: 40.76.4.15

Geolocation: US (United States), VA, Virginia, 23917 Boydton - Google Maps

Reverse DNS entry: not found
Domain Check
Domain Name: microsoft.com
Top Level Domain: COM (Commercial TLD)

Domain Name: MICROSOFT.COM
```

```
Registry Domain ID: 2724960_DOMAIN_COM-VRSN
Registrar WHOIS Server: whois.markmonitor.com
Registrar URL: http://www.markmonitor.com
Updated Date: 2014-10-09T16:28:25Z
Creation Date: 1991-05-02T04:00:00Z
Registry Expiry Date: 2021-05-03T04:00:00Z
Registrar: MarkMonitor Inc.
Registrar IANA ID: 292
Registrar Abuse Contact Email: abusecomplaints@markmonitor.com
Registrar Abuse Contact Phone: +1.2083895740
Domain Status: clientDeleteProhibited
https://icann.org/epp#clientDeleteProhibited
Domain Status: clientTransferProhibited
https://icann.org/epp#clientTransferProhibited
Domain Status: clientUpdateProhibited
https://icann.org/epp#clientUpdateProhibited
Domain Status: serverDeleteProhibited
https://icann.org/epp#serverDeleteProhibited
Domain Status: serverTransferProhibited
https://icann.org/epp#serverTransferProhibited
Domain Status: serverUpdateProhibited
https://icann.org/epp#serverUpdateProhibited
Name Server: NS1.MSFT.NET
Name Server: NS2.MSFT.NET
Name Server: NS3.MSFT.NET
Name Server: NS4.MSFT.NET
DNSSEC: unsigned
URL of the ICANN Whois Inaccuracy Complaint Form:
https://www.icann.org/wicf/
>>> Last update of whois database: 2018-12-14T04:12:27Z <<<
```

域名欺骗攻击 DNS 服务器，修改网站对应的 IP 地址，而不是模糊 URL。因此，攻击者能够重定向所有网站到一个新的恶意位置，但是用户不知道，因为他们已向浏览器输入了正确的网站域名。

为对抗这种攻击，公司建议用户和员工只访问 HTTPS 网站或有对应证书的网站。有许多类型的防病毒软件可以阻拦域名欺骗攻击，但不是每个用户都想花钱安装防病毒程序。

5.1.3.4　Dropbox 网络钓鱼

虽然我们已经讨论过比网络钓鱼更复杂的方法，但网络钓鱼对于某些网站很有效，尤其是云存储网站。

随着数据量的迅速扩大，人们纷纷开始使用云存储。每天数以百万计的用户将要备份的内容上传到 Dropbox 等网站，网络钓鱼通常攻击这些个人服务。

为了收集用户名和密码，攻击者为 Dropbox 创建虚假登录页面，然后使用被盗密码登录合法网站并窃取用户数据。

5.1.3.5　Google Docs 网络钓鱼

Google Docs 网络钓鱼攻击与前面描述的攻击非常相似，Google 云端硬盘是一个庞大的信息存储区，内容涵盖电子表格、图像和文件等，欺诈者很容易实现简单的虚假登录。

为了对抗此类攻击，Google 为用户登录设置了双因素身份验证，但是，启用这种双因素认证将给用户增加负担，可通过下载 Google 身份验证 APP 来解决此问题。

5.2　垃圾邮件检测

现在，我们要动手实践如何区分垃圾邮件和普通邮件。不同于依靠用户自己进行标记的人工垃圾邮件检测器，该方法使用机器学习来区分垃圾邮件和普通电子邮件。检测的阶段如图 5-5 所示。

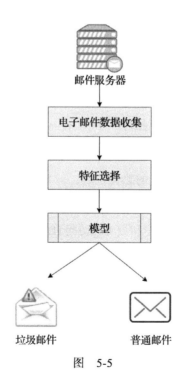

图　5-5

5.2.1　邮件服务器类型

邮件服务器接收电子邮件，它包含一个返回路径。返回路径将电子邮件推送到指定

ID，邮件服务器相当于邮递员。所有电子邮件都通过一系列邮件服务器进行传递。

几种不同类型的邮件服务器如下：

- POP3 电子邮件服务器：邮局协议 3（POP3）是互联网服务提供商（ISP）使用的电子邮件服务器。这种服务器将电子邮件存储在远程服务器上，当用户打开电子邮件时，它将从远程服务器提取电子邮件并将其存储在用户的计算机 / 机器上，并删除远程服务器上该电子邮件的副本。

- IMAP 电子邮件服务器：交互邮件访问协议（IMAP）服务器是 POP3 服务器的变体，主要用于商业目的，允许整理、预览和删除电子邮件。电子邮件经整理后被发送到用户的计算机上。除非商业用户明确表示删除电子邮件副本，否则电子邮件副本将被保留。

- SMTP 电子邮件服务器：这种服务器与 POP3 和 IMAP 服务器密切配合，有助于从服务器向用户往返发送电子邮件。图 5-6 展示了 SMTP 服务器的工作过程。

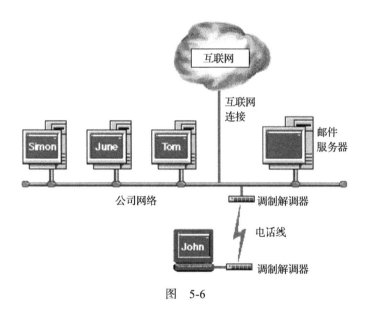

图　5-6

5.2.2　邮件服务器的数据采集

我们将在以下示例中使用 Kaggle 数据集，其中的数据类似于邮件服务器中收集的数据。一种收集垃圾邮件的方法是从已关闭的邮件服务器中收集数据，由于与此类邮件关联的电子邮件账户永久不存在，因此可以假设发送到该电子邮件的任何电子邮件都是垃圾邮件。

图 5-7 展示了一段真实的 Kaggle 数据，摘自 https://www.kaggle.com/uciml/sms-spam-collection-dataset。

ham	87%	5169 unique values	43 unique values	10 unique values	5 unique values
spam	13%				
1	ham	Go until jurong point, crazy.. Available only in bugis n great world la e buffet... Cine there got amore wat...			
2	ham	Ok lar... Joking wif u oni...			
3	spam	Free entry in 2 a wkly comp to win FA Cup final tkts 21st May 2005. Text FA to 87121 to receive entry question(std txt rate)T&C's apply 08452810075over18's			
4	ham	U dun say so early hor... U c already then say...			
5	ham	Nah I don't think he goes to usf, he lives around here			

图 5-7

我们修改了数据以添加标签（0 是普通邮件，1 是垃圾邮件），如表 5-1 所示。

表 5-1

普通邮件 / 垃圾邮件	电子邮件	标签
Ham	Your electricity bill is	0
Ham	Mom, see you this friday at 6	0
Spam	Win free iPhone	1
Spam	60% off on Rolex watches	1
Ham	Your order #RELPG4513	0
Ham	OCT timesheet	0

5.2.3　使用朴素贝叶斯定理检测垃圾邮件

朴素贝叶斯定理是一种分类技术，这种算法的基础是贝叶斯定理，基本假设是预测变量相互独立，贝叶斯定理的数学表达式如图 5-8 所示。

$$P(A|B) = \frac{P(B|A)P(A)}{P(B)},$$

其中，A 和 B 是事件，并且 B 的概率不为0。
- $P(A)$ 和 $P(B)$ 是不相关的先验概率。
- $P(A|B)$ 是 B 发生后 A 的条件概率。
- $P(B|A)$ 是 A 发生后 B 的条件概率。

图　5-8

这为我们提供了一种在无法直接测量条件概率情况下计算条件概率的技巧。例如，在给定某人年龄的情况下，如果想计算此人患癌症的机会，那么不是在全国范围内普查，而是获取有关年龄的分布和癌症的现有统计数据，并将其代入贝叶斯定理即可。

但是，建议你深入理解，因为未能理解贝叶斯定理是许多逻辑谬论的根源。

对于我们的问题，可以将 A 设置为垃圾邮件的概率，将 B 设置为电子邮件内容。如果 $P(A|B) > P(-A|B)$，则将电子邮件归为垃圾邮件，否则归为非垃圾邮件。注意，由于在两种情况下，贝叶斯定理把 $P(B)$ 作为除数，因此我们利用比较可以将它从等式中去除。结果如下：$P(A) \times P(B|A) > P(-A) \times P(B|-A)$。$P(A)$ 和 $P(-A)$ 容易计算，它们只是训练集中的垃圾邮件或非垃圾邮件的百分比，图 5-9 展示了如何构建朴素贝叶斯分类器。

图 5-9　构建朴素贝叶斯分类器

以下代码显示数据的训练过程：

```
#runs once on training data
def train:
    total = 0
    numSpam = 0
```

```
for email in trainData:
    if email.label == SPAM:
        numSpam += 1
    total += 1
pA = numSpam/(float)total
pNotA = (total — numSpam)/(float)total
```

最困难的部分是计算 $P(B|A)$ 和 $P(B|-A)$，为了计算它们，我们将使用词袋模型，这是一个非常简单的模型，它忽略词的顺序，将一段文本看作一个词袋。对于每个单词，我们计算它在垃圾邮件以及非垃圾邮件中出现次数的百分比，并称之为概率 $P(B\_i|A\_x)$，例如，为了计算 $P(free|spam)$，我们将计算所有垃圾邮件中 "free" 单词出现的次数，并除以所有垃圾邮件的单词总数。由于这些值是固定的，因此我们可以在训练阶段计算，如以下代码所示：

```
#runs once on training data
def train:
    total = 0
    numSpam = 0
    for email in trainData:
        if email.label == SPAM:
            numSpam += 1
        total += 1
        processEmail(email.body, email.label)
    pA = numSpam/(float)total
    pNotA = (total — numSpam)/(float)total

#counts the words in a specific email
def processEmail(body, label):
    for word in body:
        if label == SPAM:
            trainPositive[word] = trainPositive.get(word, 0) + 1
            positiveTotal += 1
        else:
            trainNegative[word] = trainNegative.get(word, 0) + 1
            negativeTotal += 1

#gives the conditional probability p(B_i | A_x)
def conditionalWord(word, spam):
    if spam:
        return trainPositive[word]/(float)positiveTotal
    return trainNegative[word]/(float)negativeTotal
```

要获得整个电子邮件的 p(B|A_x)，我们只需对电子邮件中的每个单词 i 取 p(B_i|A_x) 值的乘积，请注意，这是在分类时而不是训练时完成的。

```
#gives the conditional probability p(B | A_x)
def conditionalEmail(body, spam):
    result = 1.0
```

```
for word in body:
    result *= conditionalWord(word, spam)
return result
```

现在我们具备了需要组合在一起的所有组件，最后需要的是分类器，它会调用之前的函数对每个电子邮件进行分类：

```
#classifies a new email as spam or not spam
def classify(email):
    isSpam = pA * conditionalEmail(email, True) # P (A | B)
    notSpam = pNotA * conditionalEmail(email, False) # P(¬A | B)
    return isSpam > notSpam
```

为了使其工作，你需要进行一些优化和 bug 调试。

5.2.4　拉普拉斯平滑处理

假设你要分类的电子邮件中的单词不在你的训练集中。为处理这种情况，我们需要添加一个平滑因子，如下面修改过的代码所示，其中添加了平滑因子 alpha：

```
#gives the conditional probability p(B_i | A_x) with smoothing
def conditionalWord(word, spam):
    if spam:
        return
(trainPositive.get(word,0)+alpha)/(float)(positiveTotal+alpha*numWords)
    return
(trainNegative.get(word,0)+alpha)/(float)(negativeTotal+alpha*numWords)
```

5.2.5　将基于文本的邮件转换为数值的特征化技术

垃圾邮件数据为文本格式，我们可以使用机器学习算法将该数据转换为有意义的数学参数。接下来，我们将讨论一些这样的参数。

5.2.5.1　日志空间

我们的当前实现非常依赖于浮点乘法。为了避免与非常小的数字相乘带来的潜在问题，通常对等式进行对数运算，将乘法转换为加法。我们没有在示例代码中实现此功能，但在实践中强烈建议这样做。

5.2.5.2　TF-IDF

总的来说，将词袋模型用于文本分类较为笨拙，可以用其他方法增强，如 tf-idf。

5.2.5.3　N 元

另一项改进是不只计数独立的单词，N 元是一种考虑连续 N 个单词的集合并计算其概率的技术。这种方法更为合理，因为在英语中，1 元的" good "与 2 元的" not good "表达的意思不同。

5.2.5.4　分词

一个有趣的事情是如何区分不同的词，例如：Free、free 和 FREE 是否是相同的词？如何考虑标点符号？

请注意，示例代码是为了更好地教学而不是提高性能而编写的，而一些简单、细小的变化可以大大提高代码的性能。

5.2.6　逻辑回归垃圾邮件过滤器

在本小节，我们将使用逻辑回归检测垃圾邮件，这是一种非常规的方法。

5.2.6.1　逻辑回归

这是一种用于预测的回归方法，逻辑回归有助于我们理解因变量和自变量之间存在的关系。

逻辑回归方程如下：

$$f(x) = \frac{1}{1 + e^{-\beta x}}$$

逻辑回归图如图 5-10 所示。

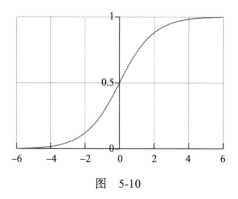

图　5-10

5.2.6.2 数据集

我们为该用例提取 SMS 垃圾邮件数据集，这个数据集可从巴西圣卡洛斯联邦大学获得。数据集的链接如下：

https://archive.ics.uci.edu/ml/datasets/SMS+Spam+Collection

该数据集包含来自 Grumbletext 网站的 425 个项目的集合。Grumbletext 是英国的一个用户手动报告垃圾邮件的网站。除垃圾邮件文本消息外，还将从新加坡国立大学 SMS 语料库（NSC）中随机选择的 3375 条 SMS 消息添加到数据集中。还从 Caroline Tag 的博士论文中收集了另外 450 条正常 SMS 消息，下载地址为 http://etheses.bham.ac.uk/253/1/Tagg09PhD.pdf。

将数据集分为训练数据和测试数据，利用 `tf-idf` 方法对其特征化。

数据集如图 5-11 所示。

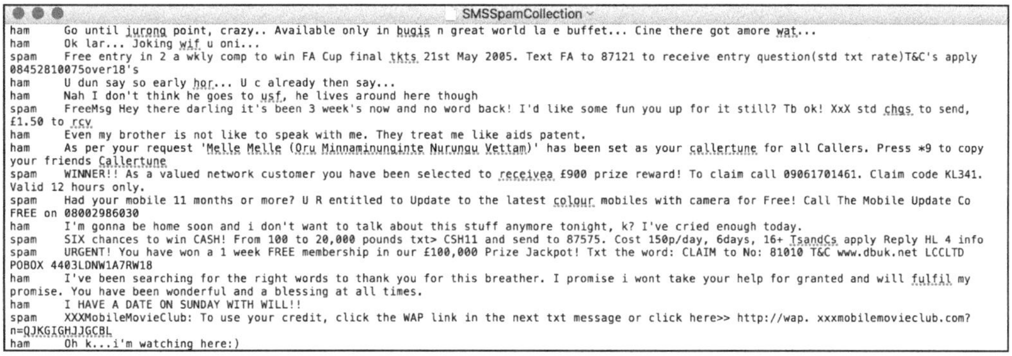

图　5-11

5.2.6.3 Python 代码

首先导入相关的包。`pandas` 包将用于启用数据帧功能，`sklearn` 包将数据分成训练数据集和测试数据集，还要使用 `sklearn` 中提供的逻辑回归：

```
import pandas as pd
import numpy as np
from sklearn.feature_extraction.text import TfidfVectorizer
from sklearn.linear_model.logistic import LogisticRegression
from sklearn.model_selection import train_test_split, cross_val_score
```

使用 `pandas` 导入 `SMSSpamCollectionDataSet`，如下所示：

```
dataframe = pd.read_csv('SMSSpamCollectionDataSet',
delimiter='\t',header=None)

X_train_dataset, X_test_dataset, y_train_dataset, y_test_dataset =
train_test_split(dataframe[1],dataframe[0])
```

转化数据以适配逻辑回归模型：

```
vectorizer = TfidfVectorizer()
X_train_dataset = vectorizer.fit_transform(X_train_dataset)
classifier_log = LogisticRegression()
classifier_log.fit(X_train_dataset, y_train_dataset)
```

将测试数据集用于预测模型的准确率：

```
X_test_dataset = vectorizer.transform( ['URGENT! Your Mobile No 1234 was
awarded a Prize', 'Hey honey, whats up?'] )

predictions_logistic = classifier.predict(X_test_dataset)
print(predictions)
```

5.2.6.4 结果

上述代码的逻辑回归将输出预测值，其中 0 是普通邮件，1 是垃圾邮件。

5.3 总结

在本章，我们研究了电子邮件欺骗和不同类型的垃圾邮件，包括欺诈邮件、CEO 诈骗域名欺骗和 Dropbox 网络钓鱼。我们还介绍了垃圾邮件检测以及使用朴素贝叶斯定理检测垃圾邮件。最后介绍了逻辑回归垃圾邮件过滤器，包括数据集和 Python 代码。

在下一章，你将学习使用 k-means 算法进行高效的网络异常检测。

第 6 章

使用 k-means 算法进行
高效的网络异常检测

如今，网络攻击的发生越来越频繁，很多研究工作致力于减少网络攻击带来的影响。正如前面的章节所讨论的，未经授权的以下任何操作都属于网络攻击：

- 拦截信息。
- 修改信息。
- 扰乱服务。
- 对存储信息的服务器执行分布式拒绝服务攻击。
- 利用恶意软件和病毒。
- 权限提升和密码泄露。

网络异常与常规网络病毒感染不同。可以通过识别网络数据中的不相容模式来检测网络异常，这种方法也可以用于其他异常检测，如信用卡诈骗、车辆违章检测和客户流失检测等。

本章将介绍以下内容：

- 网络攻击的阶段。
- 应对内网漫游。
- 理解 Windows 活动日志如何帮助检测网络异常。
- 如何获取大量的 Microsoft 活动日志。
- 编写一个简单的新模型，可以检测网络异常情况。

- 使用k-means算法检测网络异常的复杂模型的工作原理。

6.1　网络攻击的阶段

在介绍入侵检测方法之前，我们先讨论多种网络安全威胁。为了理解网络异常的细节，我们将讨论网络攻击的6个阶段。

6.1.1　第1阶段：侦察

侦察是网络攻击的第一步，以确定漏洞和潜在的目标。一旦清楚了漏洞和防御措施，就会确定相应的攻击方式，可能是网络钓鱼攻击、零日攻击和其他形式的恶意软件攻击。

6.1.2　第2阶段：初始攻击

在初始攻击阶段，第一次攻击发生，如实施鱼叉式网络钓鱼电子邮件或绕过网络防火墙。

6.1.3　第3阶段：命令和控制

一旦完成初始攻击，就建立到指挥装置（也被称为命令和控制服务器）的连接。通常，此阶段需要用户安装远程访问木马（RAT），以建立与命令和控制服务器或僵尸网络的远程连接。

6.1.4　第4阶段：内网漫游

当与命令和控制服务器的固定连接已经建立很长时间而没有被发现时，这一阶段的攻击就将开始。该命令和控制服务器将以隐藏代码的形式发出命令，在内网感染同一网络中的多个设备。

6.1.5　第5阶段：目标获得

当恶意软件与内网的多个设备建立连接时，它将执行如下命令：未经请求的授权、权限提升和泄露用户账户。

6.1.6　第6阶段：渗透、侵蚀和干扰

攻击的最后阶段通过提升权限把数据传输到网络之外，也被称为渗透。恶意软件从组织系统中窃取敏感数据并侵蚀关键资源。通常，干扰还可能包括删除整个文件系统。

6.2　应对网络中的内网漫游

在本章，我们将更详细地讨论有关内网漫游的网络异常检测，内网漫游使攻击者能够入侵同一网络中的所有系统。攻击者通过内网漫游可搜集其攻击目标的关键数据和有价值的信息。

内网漫游不止针对网络中单个受害者，还使恶意软件在服务器和域控制器之间感染传播，从而入侵整个网络。内网漫游攻击是当前复杂且有针对性的攻击和较旧且相对简单的攻击（如零日攻击）之间的主要区别。

内网漫游穿越整个网络，以在网络中获得特权，并获得命令和控制服务器的各种访问权限，这种访问包括但不限于终端节点，如机密文件、个人身份信息文档、计算机中存储的文件、共享网络区域中的文件等。内网漫游还涉及网络管理员的复杂工具的使用。

图 6-1 展示了网络入侵在网络中蔓延的最常见的方式。

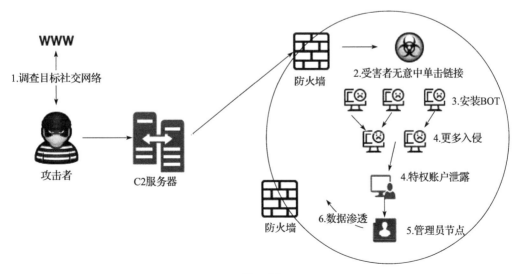

图　6-1

6.3 使用 Windows 事件日志检测网络异常

在网络异常检测的第一阶段，我们将使用 Windows 事件日志来检测内网漫游。为了进行实验，我们将使用 Windows 活动目录日志。活动目录是微软的产品，用于为网络域提供目录服务。活动目录服务包括各种基于目录的身份相关服务。

活动目录使用轻量级目录访问协议（LDAP）存储各种授权和身份验证日志。活动目录记录许多进程，如登录事件，即因有人登录计算机而发生锁定事件（因输入错误密码而无法登录）。图 6-2 展示了活动目录日志以及不同的进程。

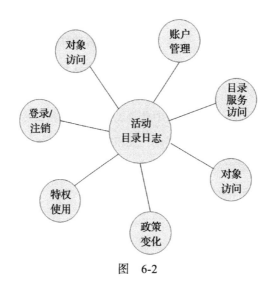

图　6-2

我们将介绍所有这些类型的事件，以便可以确定每种类型的事件与网络异常检测之间的关系。

6.3.1 登录 / 注销事件

这对应于审计登录 / 注销事件，包括登录会话或尝试登录本地计算机。

图 6-3 描述了文件服务器上的交互式登录和网络登录。

6.3.2 账户登录事件

账户登录事件包括账户身份认证活动，如身份认证、Kerberos 身份认证和请求票据，这些事件大多由域控制服务器进行，如图 6-4 所示。

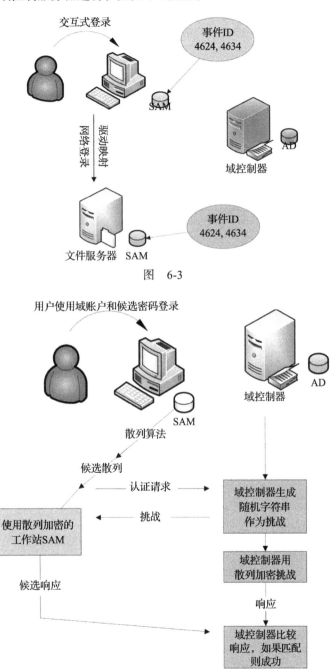

图　6-3

图　6-4

6.3.3 对象访问事件

这类事件记录了在本地计算机或服务器中访问的文件和对象权限，如文件句柄操作、文件共享访问和认证服务。

图 6-5 描述了对象访问事件的工作方式。

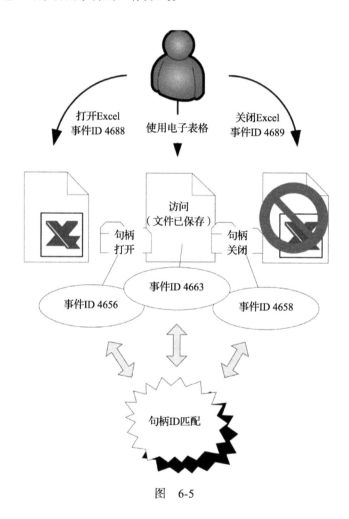

打开Excel
事件ID 4688

使用电子表格

关闭Excel
事件ID 4689

访问
（文件已保存）

句柄
打开

句柄
关闭

事件ID 4663

事件ID 4656

事件ID 4658

句柄ID匹配

图 6-5

6.3.4 账户管理事件

账户管理日志记录账户创建、账户启用、账户更改和密码重置尝试等活动。

活动目录事件

活动目录日志 2008 的一个示例如图 6-6 所示。

```
Log Name: Security
Source: Microsoft-Windows-Security-Auditing
Date: 10/28/2008 6:17:28 PM
Event ID: 4768
Task Category: Kerberos Authentication Service
Level: Information
Keywords: Audit Success
User: N/A
Computer: Lab2008.acme.ru
Description:
A Kerberos authentication ticket (TGT) was requested.

Account Information:
        Account Name:           Fred
        Supplied Realm Name:    ACME
        User ID:                ACME\Fred

Service Information:
        Service Name:           krbtgt
        Service ID:             ACME\krbtgt

Network Information:
        Client Address:         ::1
        Client Port:            0

Additional Information:
        Ticket Options:         0x40810010
        Result Code:            0x0
        Ticket Encryption Type: 0x17
        Pre-Authentication Type: 2

Certificate Information:
        Certificate Issuer Name:
        Certificate Serial Number:
        Certificate Thumbprint:

Certificate information is only provided if a certificate was used for pre-authentication.
Pre-
authentication types, ticket options, encryption types and result codes are defined in RFC 4120.
```

图　6-6

活动目录日志属性包括事件 ID、事件描述、日志源地址和目的地、网络信息、本地计算机名称、日志源名称等。

出于试验的目的，我们将使用表 6-1 所示的事件 ID。

表　6-1

事件 ID	事件描述
4624	一个账户被成功登录
4768	一项 Kerberos 认证票据被请求
4769	一项 Kerberos 服务票据被请求
4672	特权已被分配给新登录事件
4776	域服务器试图确认一个账户身份的有效性
4663	试图访问一个对象

我们需要保留先前事件 ID 的源账户和目标账户, 并持续记录用户 ID、多用户登录和网络配置。

6.4 获取活动目录数据

通常通过 Flume 获取活动目录 (AD), 并将数据存储在 Hadoop 分布式文件系统 (HDFS) 中。

图 6-7 说明了获取过程的工作原理。

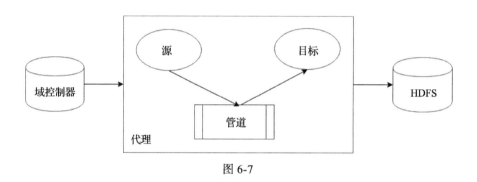

图 6-7

6.5 数据解析

我们需要将数据转换为特征生成器可读的格式。生成的列包含以下内容:

- startTimeISO
- Windows 事件的类型
- 目标地址名或 IP
- 目标安全 ID
- 目标用户名
- 源登录类型
- 源地址名或 IP
- 目标 NtDomain
- 目标服务安全 ID
- 目标服务名称

- 源用户名
- 权限
- 源主机名
- 目标端口
- AD 文件路径
- AD 脚本路径
- AD 用户工作站
- 源登录 ID
- 源安全 ID
- 源 NtDomain

6.6　建模

这是一个简单的模型，可以存储与 Windows 日志关联的历史数据特征（6.5 节中列出的特征）。当一个新的特征参数进入时，我们通过与历史数据进行比较来查看这是否是一个新的参数。历史数据可能包括具有一年多以前的特征的 AD 日志，我们用于此目的的 AD 事件是 4672。

结合用例需要，我们仅选择权限特征，权限列表如下：

- `SeSecurityPrivilege`
- `SeTakeOwnershipPrivilege`
- `SeLoadDriverPrivilege`
- `SeBackupPrivilege`
- `SeRestorePrivilege`
- `SeDebugPrivilege`
- `SeSystemEnvironmentPrivilege`
- `SeImpersonatePrivilege`

我们在历史数据库中存储用户账户过去一年中拥有的所有权限，例如写权限和读权限。当用户账户调用新的权限时，我们引发异常警报。为了对异常的严重性进行评分，我们检查有多少其他人可以访问新权限。我们引入稀有度分数，用户账户一天内使用的权限总数也将被计算在内，最终分数是权限总数和稀有度分数的函数：

```
import sys
import os
sys.path.append('.')
sys.path.insert(0, os.getcwd())
sys.path.append('/usr/lib/python2.6/site-packages')

import math

#history of privileges used

input_path_of_file_hist = "/datasets/historical.data"
data_raw_hist = sc.textFile(input_path_of_file_hist, 12)

#for each privilge a rarity map is present

rarity_map = {}
input_path_of_file_rare = "/datasets/rare.data"
data_raw_rare = sc.textFile(input_path_of_file_rare, 12)
arr = data_raw_rare.split(',')
privilege = arr[0]
rarityscore = arr[1]
rarity_map[privilege] = rarityscore


priv_hist = {}
FOREACH line in data_raw_hist :
 if line in priv_hist:
 do_nothing = 1
 else:
 priv_hist[line] = 1


input_path_of_file_curr = "/datasets/current.data"
data_raw_curr = sc.textFile(input_path_of_file_curr, 12)

num_lines = sum(1 for line in open(input_path_of_file_curr))

FOREACH line in data_raw_curr :
 if line in priv_hist
 print "i dont care this is privilege is old"
 else:
 print "new activity detected"
 C = computeScore()
 score = C.compute(line,num_lines)
```

对于在网络中检测到的每个新活动，我们以 1 ~ 10 的等级计算得分，来评估恶意行为的严重程度。第一个脚本调用分数计算脚本来生成最终得分：

```
class computeScore:
    def __init__(self,userandkey,rarity):
        self.userandkey = userandkey
        self.anomaly score = 0
```

```
def compute(line,num_lines)
total=num_lines
  itemrarity = rarity_map[line]
T = NoxScoring()
anomaly_score = T.threat_anomaly_score(int(itemrarity),int(total))
return anomaly_score
```

当发现新权限时，此脚本用于生成相关分数：

```
class NoxScoring():
    def __init__(self):
        self.item_raririty_table = []
  self.item_raririty_table.append([.8,1,0.1])
        self.item_raririty_table.append([.7,.8,0.2])
        self.item_raririty_table.append([.6,.7,0.3])
        self.item_raririty_table.append([.5,.6, 0.4])
        self.item_raririty_table.append([.4,.5, 0.5])
        self.item_raririty_table.append([.3, .4, 0.6])
        self.item_raririty_table.append([.2, .3, 0.7])
        self.item_raririty_table.append([.1, .2, 0.8])
        self.item_raririty_table.append([.001, .1, 0.9])
        self.item_raririty_table.append([0, .001, 1])

    def threat_anomaly_score(self,rarityscore,totalusers):
    if rarityscore is None :
            age = .9
    else :
      age = float(rarityscore) / float(totalusers)

        for row in self.item_raririty_table:
            if (age>=row[0]) and (age<row[1]):
                score = row[2]
                return score
        return score

    def combine_threat_score(self,score,correlationscore):
        combined_score = score * 1
        return combined_score

#if __name__=='__main__':
# T = NoxScoring()
# print T.threat_anomaly_scorc(43,473)
```

这种简单模型可以很容易地被用于检测新发现的文档（对象）访问、系统中新出现的服务器，甚至是新添加的用户。

6.7　用 k-means 算法检测网络中的异常

在各种网络攻击中，恶意软件会使网络流量泛滥，被用来实现未经授权的访问。由于网络流量通常很大，因此我们使用 k-means 算法检测异常。

由于网络流量通常具有固有模式，因此 k-means 算法非常适合这种情况。此外，网络安全威胁没有标记数据，每次攻击都是不同的。因此，使用无监督方法是最好的选择，我们将使用这种方法检测异常流量。

网络入侵数据

在该用例中，我们使用 KDD Cup 1999 数据，数据大小约 708MB，包含 490 万个网络连接。数据包括以下信息：

- 发送的字节
- 登录尝试
- TCP 错误
- 源字节
- 目标字节

数据总共包含 38 个特征，我们将特征分为类别数据和数字数据。数据收集还配有标签，有助于确定聚类算法结果的纯度。

以下是所有可用特征的列表：

```
back,buffer_overflow,ftp_write,guess_passwd,imap,ipsweep,land,loadmodule,mu
ltihop,neptune,nmap,normal,perl,phf,pod,portsweep,rootkit,satan,smurf,spy,t
eardrop,warezclient,warezmaster.
duration: continuous.
protocol_type: symbolic.
service: symbolic.
flag: symbolic.
src_bytes: continuous.
dst_bytes: continuous.
land: symbolic.
wrong_fragment: continuous.
urgent: continuous.
hot: continuous.
num_failed_logins: continuous.
logged_in: symbolic.
num_compromised: continuous.
root_shell: continuous.
su_attempted: continuous.
num_root: continuous.
num_file_creations: continuous.
num_shells: continuous.
num_access_files: continuous.
num_outbound_cmds: continuous.
is_host_login: symbolic.
is_guest_login: symbolic.
```

```
count: continuous.
srv_count: continuous.
serror_rate: continuous.
srv_serror_rate: continuous.
rerror_rate: continuous.
srv_rerror_rate: continuous.
same_srv_rate: continuous.
diff_srv_rate: continuous.
srv_diff_host_rate: continuous.
dst_host_count: continuous.
dst_host_srv_count: continuous.
dst_host_same_srv_rate: continuous.
dst_host_diff_srv_rate: continuous.
dst_host_same_src_port_rate: continuous.
dst_host_srv_diff_host_rate: continuous.
dst_host_serror_rate: continuous.
dst_host_srv_serror_rate: continuous.
dst_host_rerror_rate: continuous.
dst_host_srv_rerror_rate: continuous.
```

网络入侵攻击编码

首先导入将使用的相关包，由于数据量非常大，因此我们选择使用 Spark。

Spark 是一个用于处理大型数据的开源分布式集群计算系统。

```
import os
import sys
import re
import time
from pyspark import SparkContext
from pyspark import SparkContext
from pyspark.sql import SQLContext
from pyspark.sql.types import *
from pyspark.sql import Row
# from pyspark.sql.functions import *
%matplotlib inline
import matplotlib.pyplot as plt
import pandas as pd
import numpy as np
import pyspark.sql.functions as func
import matplotlib.patches as mpatches
from operator import add
from pyspark.mllib.clustering import KMeans, KMeansModel
from operator import add
from pyspark.mllib.tree import DecisionTree, DecisionTreeModel
from pyspark.mllib.util import MLUtils
from pyspark.mllib.regression import LabeledPoint
import itertools
```

加载整个数据集：

```
input_path_of_file = "/datasets/kddcup.data"
data_raw = sc.textFile(input_path_of_file, 12)
```

由于数据已含有标签，因此我们编写了一个将标签与特征向量分开的函数：

```
def parseVector(line):
  columns = line.split(',')
  thelabel = columns[-1]
  featurevector = columns[:-1]
  featurevector = [element for i, element in enumerate(featurevector) if i
not in [1, 2, 3]]
  featurevector = np.array(featurevector, dtype=np.float)
  return (thelabel, featurevector)

labelsAndData = raw_data.map(parseVector).cache()
thedata = labelsAndData.map(lambda row: row[1]).cache()
n = thedata.count()

len(data.first())
```

n 是输出，即连接数，如下所示：

```
4898431

38
```

我们使用 MLLIB 包中的 k-means 算法，这里选择使用两个簇，因为我们需要先了解数据：

```
time1 = time.time()
k_clusters = KMeans.train(thedata, 2, maxIterations=10, runs=10,
initializationMode="random")

print(time.time() - time1)
```

我们将展示这些特征，由于数据集很大，因此随机选择 38 个特征中的 3 个，并展示部分数据：

```
def getFeatVecs(data):
 n = thedata.count()
 means = thedata.reduce(add) / n
 vecs_ = thedata.map(lambda x: (x - means)**2).reduce(add) / n
 return vecs_

vecs_ = getFeatVecs(data)
```

在打印向量时，我们发现数据中存在很大差异：

```
print vecs_

array([ 5.23205909e+05,  8.86292287e+11,  4.16040826e+11,
5.71608336e-06,  1.83649380e-03,  5.20574220e-05,    2.19940474e-01,
5.32813401e-05,  1.22928440e-01,    1.48724429e+01,  6.81804492e-05,
6.53256901e-05,    1.55084339e+01,  1.54220970e-02,  7.63454566e-05,
1.26099403e-03,  0.00000000e+00,  4.08293836e-07,    8.34467881e-04,
```

```
4.49400827e+04,    6.05124011e+04,         1.45828938e-01,    1.46118156e-01,
5.39414093e-02,         5.41308521e-02,    1.51551218e-01,    6.84170094e-03,
1.97569872e-02,    4.09867958e+03,    1.12175120e+04,         1.69073904e-01,
1.17816269e-02,    2.31349138e-01,         1.70236904e-03,    1.45800386e-01,
1.46059565e-01,         5.33345749e-02,    5.33506914e-02])
```

均值表明小部分数据具有很大的差异，有时这可能是异常的迹象，但我们不想这么快就得出结论：

```
mean = thedata.map(lambda x: x[1]).reduce(add) / n
print(thedata.filter(lambda x: x[1] > 10*mean).count())
```

```
4499
```

我们想要识别变化最大的特征并绘制它们：

```
indices_of_variance = [t[0] for t in sorted(enumerate(vars_), key=lambda x:
x[1])[-3:]]
dataprojected = thedata.randomSplit([10, 90])[0]
# separate into two rdds
rdd0 = thedata.filter(lambda point: k_clusters.predict(point)==0)
rdd1 = thedata.filter(lambda point: k_clusters.predict(point)==1)

center_0 = k_clusters.centers[0]
center_1 = k_clusters.centers[1]
cluster_0 = rdd0.take(5)
cluster_1 = rdd1.take(5)

cluster_0_projected = np.array([[point[i] for i in indices_of_variance] for
point in cluster_0])
cluster_1_projected = np.array([[point[i] for i in indices_of_variance] for
point in cluster_1])

M = max(max(cluster1_projected.flatten()),
max(cluster_0_projected.flatten()))
m = min(min(cluster1_projected.flatten()),
min(cluster_0_projected.flatten()))

fig2plot = plt.figure(figsize=(8, 8))
pltx = fig2plot.add_subplot(111, projection='3d')
pltx.scatter(cluster0_projected[:, 0], cluster0_projected[:, 1],
cluster0_projected[:, 2], c="b")
pltx.scatter(cluster1_projected[:, 0], cluster1_projected[:, 1],
cluster1_projected[:, 2], c="r")
pltx.set_xlim(m, M)
pltx.set_ylim(m, M)
pltx.set_zlim(m, M)
pltx.legend(["cluster 0", "cluster 1"])
```

得到的图表如图 6-8 所示。

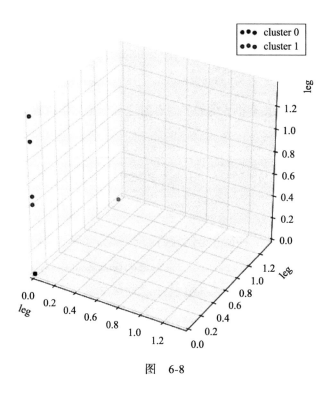

图　6-8

我们看到簇（cluster）1 中元素的数量远远多于簇 0 中元素的数量，簇 0 的元素远离数据中心，这表明数据不平衡。

模型评估

此时，我们使用误差平方和方法评估模型的优劣。

误差平方和

在统计学中，误差平方和是一种测量模型预测值与已记录实际值之间差异的方法，也称为残差。对于聚类，该指标通过投影点距聚类中心的距离计算。

我们将使用欧式距离，即直线中两点之间的距离作为计算误差平方和的量度。

我们将欧式距离定义如下：

```
def euclidean_distance_points(x1, x2):
 x3 = x1 - x2
 return np.sqrt(x3.T.dot(x3))
```

我们将调用前面的函数来计算误差平方和：

```
from operator import add
tine1 = time.time()

def ss_error(k_clusters, point):
 nearest_center = k_clusters.centers[k_clusters.predict(point)]
 return euclidean_distance_points(nearest_center, point)**2

WSSSE = data.map(lambda point: ss_error(k_clusters, point)).reduce(add)
print("Within Set Sum of Squared Error = " + str(WSSSE))
print(time.time() - time1)
```

```
Within Set Sum of Squared Error = 3.05254895755e+18
15.861504316329956
```

由于数据已经被标记，因此我们将检查这些标签在生成的两个簇中的位置：

```
clusterLabel = labelsAndData.map(lambda row: ((k_clusters.predict(row[1]),
row[0]), 1)).reduceByKey(add)

for items in clusterLabe.collect():
 print(items)
```

```
((0, 'rootkit.'), 10)
((0, 'multihop.'), 7)
((0, 'normal.'), 972781)
((0, 'phf.'), 4)
((0, 'nmap.'), 2316)
((0, 'pod.'), 264)
((0, 'back.'), 2203)
((0, 'ftp_write.'), 8)
((0, 'spy.'), 2)
((0, 'warezmaster.'), 20)
((1, 'portsweep.'), 5)
((0, 'perl.'), 3)
((0, 'land.'), 21)
((0, 'portsweep.'), 10408)
((0, 'smurf.'), 2807886)
((0, 'ipsweep.'), 12481)
((0, 'imap.'), 12)
((0, 'warezclient.'), 1020)
((0, 'loadmodule.'), 9)
((0, 'guess_passwd.'), 53)
((0, 'neptune.'), 1072017)
((0, 'teardrop.'), 979)
((0, 'buffer_overflow.'), 30)
((0, 'satan.'), 15892)
```

我们根据前面的标签确认了数据的不平衡，因为不同类型的标签已聚集在同一个簇中。

我们现在将对整个数据进行聚类，为此，需要选择正确的 k 值。由于数据集有 23 个标签，因此可以选择 $k = 23$，但还有其他方法可以计算 k 值。

k-means 中 k 的选择

实际上，没有算法可以得出 k-means 算法中使用的 k 的精确值。因此只能对各种 k 值进行试验，以找到最佳值。可以使用以下方法对 k 值进行估计。

这里，在簇元素和簇质心之间计算平均距离。按照逻辑，如果我们增加 k 的值，即增加数据中的簇数，则簇内的数据点将减少。因此，如果 k 值等于总数据点的数量，那么由于质心与数据点相同，则误差平方和为 0。

因此，在肘部法则中，针对每个所选的 k 值绘制误差，当从图中看到误差减少率急剧变化时，我们知道选择的 k 值有问题。

图 6-9 展示了肘部法则的工作原理。

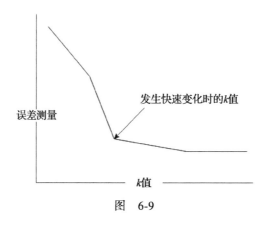

图　6-9

除了前述方法之外，还有其他检测 k 值的方法，例如 k 重交叉验证方法，轮廓系数法和 G-means 算法，我们将使用肘部法则检测簇的数量：

```
k_values = range(5, 126, 20)

def clustering_error_Score(thedata, k):
 k_clusters = KMeans.train(thedata, k, maxIterations=10, runs=10,
initializationMode="random")
# WSSSE = thedata.map(lambda point: error(k_clusters, point)).reduce(add)
 WSSSE = k_clusters.computeCost(thedata)
 return WSSSE

k_scores = [clustering_error_Score(thedata, k) for k in k_values]
```

```
for score in k_scores:
 print(k_score)

plt.scatter(k_values, k_scores)
plt.xlabel('k')
plt.ylabel('k_clustering score')
```

输出的图如图 6-10 所示。

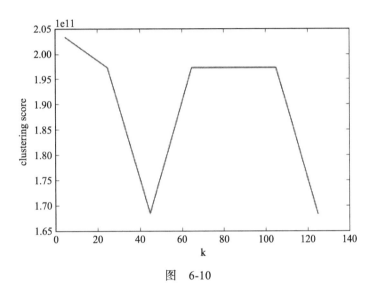

图   6-10

```
203180867410.17664
197212695108.3952
168362743810.1947
197205266640.06128
197208496981.73676
197204082381.91348
168293832370.86035
```

归一化特征

在 k-means 聚类中，由于所有数据点都不是以相同的基准进行测量的，因此它们的方差很大，这导致簇的球形性降低，不均匀的方差导致具有较低方差的变量被赋予更多权重。

为了解决这种偏差，我们需要对数据进行归一化，特别是因为我们使用的欧式距离，最终会影响具有较大量级的变量的簇。我们通过标准化所有变量的得分来解决这个问题，这是通过从每个值中减去变量值的平均值，然后进行标准差除法来实现的。

我们使用相同的计算方法来归一化我们的数据:

```
def normalize(thedata):

 n = thedata.count()
 avg = thedata.reduce(add) / n

 var = thedata.map(lambda x: (x - avg)**2).reduce(add) / n
 std = np.sqrt(var)

 std[std==0] = 1

def normalize(val):
 return (val - avg) / std
 return thedata.map(normalize)

normalized = normalize(data).cache()
print(normalized.take(2))
print(thedata.take(2))
```

输出如下:

```
[array([ -6.68331854e-02, -1.72038228e-03, 6.81884351e-02,
 -2.39084686e-03, -1.51391734e-02, -1.10348462e-03,
 -2.65207600e-02, -4.39091558e-03, 2.44279187e+00,
 -2.09732783e-03, -8.25770840e-03, -4.54646139e-03,
 -3.28458917e-03, -9.57233922e-03, -8.50457842e-03,
 -2.87561127e-02, 0.00000000e+00, -6.38979005e-04,
 -2.89113034e-02, -1.57541507e+00, -1.19624324e+00,
 -4.66042614e-01, -4.65755574e-01, -2.48285775e-01,
 -2.48130352e-01, 5.39733093e-01, -2.56056520e-01,
 -2.01059296e-01, -3.63913926e+00, -1.78651044e+00,
 -1.83302273e+00, -2.82939000e-01, -1.25793664e+00,
 -1.56668488e-01, -4.66404784e-01, -4.65453641e-01,
 -2.50831829e-01, -2.49631966e-01]), array([ -6.68331854e-02,
-1.77667956e-03, 5.32451452e-03,
 -2.39084686e-03, -1.51391734e-02, -1.10348462e-03,
 -2.65207600e-02, -4.39091558e-03, 2.44279187e+00,
 -2.09732783e-03, -8.25770840e-03, -4.54646139e-03,
 -3.28458917e-03, -9.57233922e-03, -8.50457842e-03,
 -2.87561127e-02, 0.00000000e+00, -6.38979005e-04,
 -2.89113034e-02, -1.57069789e+00, -1.19217808e+00,
 -4.66042614e-01, -4.65755574e-01, -2.48285775e-01,
 -2.48130352e-01, 5.39733093e-01, -2.56056520e-01,
 -2.01059296e-01, -3.62351937e+00, -1.77706870e+00,
 5.98966843e-01, -2.82939000e-01, 8.21118739e-01,
 -1.56668488e-01, -4.66404784e-01, -4.65453641e-01,
 -2.50831829e-01, -2.49631966e-01])]
[array([ 0.00000000e+00, 2.15000000e+02, 4.50760000e+04,
 0.00000000e+00, 0.00000000e+00, 0.00000000e+00,
 0.00000000e+00, 0.00000000e+00, 1.00000000e+00,
 0.00000000e+00, 0.00000000e+00, 0.00000000e+00,
 0.00000000e+00, 0.00000000e+00, 0.00000000e+00,
 0.00000000e+00, 0.00000000e+00, 0.00000000e+00,
```

```
0.00000000e+00, 1.00000000e+00, 1.00000000e+00,
0.00000000e+00, 0.00000000e+00, 0.00000000e+00,
0.00000000e+00, 1.00000000e+00, 0.00000000e+00,
0.00000000e+00, 0.00000000e+00, 0.00000000e+00,
0.00000000e+00, 0.00000000e+00, 0.00000000e+00,
0.00000000e+00, 0.00000000e+00, 0.00000000e+00,
0.00000000e+00, 0.00000000e+00]), array([ 0.00000000e+00, 1.62000000e+02,
4.52800000e+03,
0.00000000e+00, 0.00000000e+00, 0.00000000e+00,
0.00000000e+00, 0.00000000e+00, 1.00000000e+00,
0.00000000e+00, 0.00000000e+00, 0.00000000e+00,
0.00000000e+00, 0.00000000e+00, 0.00000000e+00,
0.00000000e+00, 0.00000000e+00, 0.00000000e+00,
0.00000000e+00, 2.00000000e+00, 2.00000000e+00,
0.00000000e+00, 0.00000000e+00, 0.00000000e+00,
0.00000000e+00, 1.00000000e+00, 0.00000000e+00,
0.00000000e+00, 1.00000000e+00, 1.00000000e+00,
1.00000000e+00, 0.00000000e+00, 1.00000000e+00,
0.00000000e+00, 0.00000000e+00, 0.00000000e+00,
0.00000000e+00, 0.00000000e+00])]
```

现在用不同 *k* 值的归一化数据再次构建模型，从 60 到 110，增加幅度为 10：

```
k_range = range(60, 111, 10)

k_scores = [clustering_error_Score(normalized, k) for k in k_range]
for kscore in k_scores:
 print(kscore)

plt.plot(k_range, kscores)
```

肘部图显示了更好的模式，如图 6-11 所示。

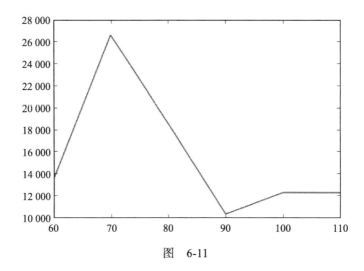

图   6-11

```
13428.588817861917
26586.44539596379
18520.0580113469
10282.671313141745
12240.257631897006
12229.312684687848
```

我们接下来要做的是从给定数据集中抽取小部分数据并执行两次 k-means 聚类：

- 一次进行归一化。

- 一次不进行归一化。

然后比较聚类结果：

- 在归一化之前，结果如下所示：

```
#before norm
K_norm = 90

var = getVariance(thedata)
indices_of_variance = [t[0] for t in sorted(enumerate(var),
key=lambda x: x[1])[-3:]]

dataprojected = thedata.randomSplit([1, 999])[0].cache()

kclusters = KMeans.train(thedata, K_norm, maxIterations=10,
runs=10, initializationMode="random")

listdataprojected = dataprojected.collect()
projected_data = np.array([[point[i] for i in indices_of_variance]
for point in listdataprojected])
klabels = [kclusters.predict(point) for point in listdataprojected]

Maxi = max(projected_data.flatten())
mini = min(projected_data.flatten())

figs = plt.figure(figsize=(8, 8))
pltx = figs.add_subplot(111, projection='3d')
pltx.scatter(projected_data[:, 0], projected_data[:, 1],
projected_data[:, 2], c=klabels)
pltx.set_xlim(mini, Maxi)
pltx.set_ylim(mini, Maxi)
pltx.set_zlim(mini, Maxi)
pltx.set_title("Before normalization")
```

输出的图如图 6-12 所示。

- 归一化后，如下所示：

```
#After normalization:

kclusters = KMeans.train(normalized, K_norm, maxIterations=10,
runs=10, initializationMode="random")
```

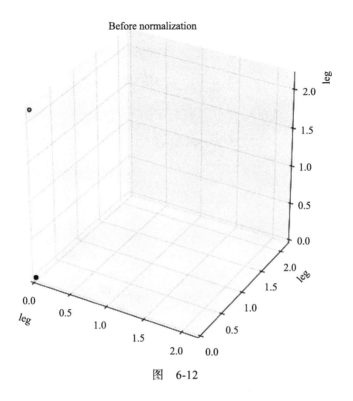

图   6-12

```
dataprojected_normed = normalize(thedata, dataprojected).cache()
dataprojected_normed = dataprojected_normed.collect()
projected_data = np.array([[point[i] for i in indices_of_variance]
for point in dataprojected_normed])
klabels = [kclusters.predict(point) for point in
dataprojected_normed]

Maxi = max(projected_data.flatten())
mini = min(projected_data.flatten())

figs = plt.figure(figsize=(8, 8))
pltx = fig.add_subplot(111, projection='3d')
pltx.scatter(projected_data[:, 0], projected_data[:, 1],
projected_data[:, 2], c=klabels)
pltx.set_xlim(mini, Maxi)
pltx.set_ylim(mini, Maxi)
pltx.set_zlim(mini, Maxi)
pltx.set_title("After normalization")
```

输出的图如图 6-13 所示。

在完成建模之前需要做的最后一件事是，将类别变量转换为数字变量，可以使用独
热编码来实现这一点。独热编码是将分类变量转换为可进行统计分析的形式的过程：

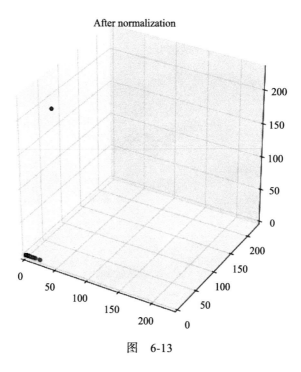

图　6-13

```
col1 = raw_data.map(lambda line: line.split(",")[1]).distinct().collect()
col2 = raw_data.map(lambda line: line.split(",")[2]).distinct().collect()
col2 = raw_data.map(lambda line: line.split(",")[3]).distinct().collect()

def parseWithOneHotEncoding(line):
 column = line.split(',')
 thelabel = column[-1]
 thevector = column[0:-1]

 col1 = [0]*len(featureCol1)
 col1[col1.index(vector[1])] = 1
 col2 = [0]*len(col2)
 col2[featureCol1.index(vector[2])] = 1
 col2 = [0]*len(featureCol3)
 col2[featureCol1.index(vector[3])] = 1

 thevector = ([thevector[0]] + col1 + col2 + col3 + thevector[4:])

 thevector = np.array(thevector, dtype=np.float)

return (thelabel, thevector)
labelsAndData = raw_data.map(parseLineWithHotEncoding)

thedata = labelsAndData.values().cache()

normalized = normalize(thedata).cache()
```

输出如下：

```
[ 0.00000000e+00 2.48680000e+04 3.50832000e+05 0.00000000e+00
   0.00000000e+00 0.00000000e+00 1.00000000e+00 0.00000000e+00
   1.01000000e+02 0.00000000e+00 0.00000000e+00 0.00000000e+00
   0.00000000e+00 0.00000000e+00 0.00000000e+00 0.00000000e+00
   0.00000000e+00 0.00000000e+00 0.00000000e+00 7.79000000e+02
   1.03300000e+03 0.00000000e+00 0.00000000e+00 0.00000000e+00
   0.00000000e+00 1.01000000e+02 0.00000000e+00 5.51000000e+00
   7.78300000e+03 2.26050000e+04 1.01000000e+02 0.00000000e+00
   9.05000000e+00 3.15000000e+00 0.00000000e+00 0.00000000e+00
   0.00000000e+00 0.00000000e+00]
```

最后，对数据进行归一化，得到 *k* 的最优值，并且解决了类别变量的问题。我们再次执行 k-means 算法，如下所示：

```
kclusters = KMeans.train(data, 100, maxIterations=10, runs=10,
initializationMode="random")

anomaly = normalized.map(lambda point: (point, error(clusters,
point))).takeOrdered(100, lambda key: key[1])
plt.plot([ano[1] for ano in anomaly])
```

输出图由几个阶段构成，每个阶段表示一个阈值，如图 6-14 所示。

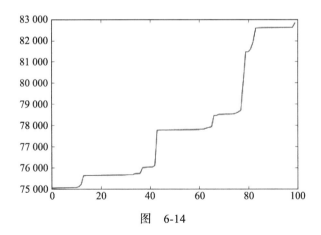

图　6-14

每个阈值对应的异常数量如表 6-2 所示。

表　6-2

阈值	异常数量
75 200	10
75 900	35

（续）

阈值	异常数量
78 200	65
78 800	78
82 800	95

手动验证

在列出所有异常后，下一步由系统和组织控制（SOC）团队手动验证每个异常并得出结果。

6.8 总结

在本章，我们介绍了网络攻击的不同阶段，以及如何应对内网漫游。我们还利用 Windows 事件日志检测网络异常。我们研究了活动目录数据的提取及使用 k-means 算法进行异常检测。

本章最后总结了 k-means 算法的 k 值选择方法，以及特征归一化和人工验证。在下一章，我们将研究决策树和基于上下文的恶意事件检测。

第 7 章

决策树和基于上下文的
恶意事件检测

恶意软件影响计算机运行，导致 CPU 使用率增加、计算机速度降低等，它可以降低网络速度、使系统冻结或崩溃，以及修改或删除文件。恶意软件通常会修改默认计算机配置，并在用户知情或不知情的情况下执行异常的计算机活动。

恶意软件被用于窃取数据、绕过防火墙和阻碍访问控制。恶意软件持有一些恶意代码，并可根据其执行的恶意活动类型分门别类。

接下来，我们将从以下方面进行讨论：

- 恶意软件的类型。
- 数据库中的恶意数据注入。
- 无线网络中的恶意数据注入。
- 使用决策树进行入侵检测。
- 使用决策树进行恶意 URL 检测。

7.1 恶意软件

7.1.1 广告软件

广告软件通常被称为弹出式广告，是提供未许可广告或简短广告的软件，它们通常与软件包捆绑在一起，由广告商赞助获得收益。通常，广告软件不会窃取信息，但有时它可能是伪装的间谍软件。

7.1.2 机器人

机器人是能够执行自动化任务的程序，机器人可能不是恶意的，但最近常被用来达到恶意目的。感染僵尸程序的多个计算机聚合在一起被称为僵尸网络，或垃圾邮件僵尸网络。垃圾邮件僵尸网络被用于传播垃圾邮件并在服务器上发起 DDoS 攻击，它们可能具有自动收集数据的网络爬虫程序。

7.1.3 软件错误

软件错误是构建软件时由人为错误引起的软件缺陷，是在代码编译期间未被发现的源代码缺陷。因此，它们将影响代码的执行。软件错误可能导致软件卡住或崩溃，还可能引发潜在的软件攻击，因为恶意攻击者可能利用这些漏洞提升权限、绕过过滤器和窃取数据。

7.1.4 勒索软件

这类恶意软件劫持计算机并阻止其对所有文件的访问，并且在受害者支付赎金前不会释放系统的访问权限。它加密系统文件并使任何人都无法访问文件系统。通过对系统漏洞的控制，它能像普通计算机操作一样进行自我复制。

7.1.5 rootkit

rootkit 与僵尸网络一样，可远程访问计算机，并且难以被系统检测到。rootkit 可以通过远程执行方式启动，能够进行根权限访问、修改和删除文件，可以窃取信息并隐藏自己。由于 rootkit 是隐秘的，因此很难检测到它。定期进行系统补丁更新是远离 rootkit 的唯一方法。

7.1.6 间谍软件

间谍软件是主要用于侦察的恶意软件，侦察涉及按键收集器、收集数据点（特别是与个人身份信息相关的数据，如银行信息）、登录凭据（包括用户 ID 和密码）和机密数据。它还负责端口嗅探和网络连接干扰。就像 rootkit 一样，间谍软件也会利用网络软件系统的弱终端。

7.1.7 特洛伊木马

特洛伊木马是诱使用户下载未请求的软件的恶意软件，在下载完成后，它类似于机器人，也会被授予对计算机的远程访问权限。在远程访问之后，受感染的计算机会发生凭证泄露、数据窃取、屏幕监视和匿名用户活动。

7.1.8 病毒

病毒是感染计算机并大量增殖的恶意软件，通常表现为文件系统、跨站脚本、Web 应用程序泄漏等。病毒也被用来构建僵尸网络、发布勒索软件和广告软件。

7.1.9 蠕虫

蠕虫也是一种特殊形式的恶意软件，可以在多个计算机系统中广泛传播。蠕虫通常会阻止计算机系统运行，并消耗带宽，甚至可能会损坏系统。与病毒不同，蠕虫不需要任何人为干预来增殖或复制，它们具有自我复制的能力。

在前面的章节中，我们已经确定了最流行的攻击是恶意软件、网络钓鱼或跨站式脚本。恶意软件在网络系统中的传播方式还有恶意软件注入。

7.2 恶意注入

7.2.1 数据库中的恶意数据注入

这种攻击也被称为 SQL 注入，主要操纵 SQL 查询，能够操作不同数据库中的数据源。SQL 注入欺骗数据库以产生恶意的结果：通过授权访问来进行提权、删除具有 PII 数据的整个表、通过运行 `select *` 查询进行数据过滤，然后将整个数据库转储到外部设备中。

7.2.2 无线传感器中的恶意注入

物理传感器设备检测以下事件的发生，如危险、火灾、异常活动和突发公共卫生事件，但这些设备可能会被攻击，从而触发虚假事件和紧急情况。

7.2.3 用例

现在讨论本章开头介绍过的一些入侵和注入，在我们的试验中，将使用 KDD Cup 1999 计算机网络入侵检测数据集，试验目标是区分好的和坏的网络连接。

7.2.3.1 数据集

数据源主要是麻省理工学院林肯实验室 1998 年的 DARPA 入侵检测评估项目，此数据集包含已在军事网络环境中模拟的各种网络事件，是从美国空军局域网络环境的网络 TCP 数据包转储的，包含了多类攻击。

通常，典型 TCP 数据转储如图 7-1 所示。

```
13:08:05.737768 ppp0 > slip139-92-26-177.ist.tr.ibm.net.1221 > dsl-usw-cust-110.inetarena.com.www: . 342:342(0) ack 1449 win 31856 <nop
,nop,timestamp 1247771 114849487> (DF)
13:08:07.467571 ppp0 < dsl-usw-cust-110.inetarena.com.www > slip139-92-26-177.ist.tr.ibm.net.1221: . 1449:2897(1448) ack 342 win 31856
<nop,nop,timestamp 114849637 1247771> (DF)
13:08:07.707634 ppp0 < dsl-usw-cust-110.inetarena.com.www > slip139-92-26-177.ist.tr.ibm.net.1221: . 2897:4345(1448) ack 342 win 31856
<nop,nop,timestamp 114849637 1247771> (DF)
13:08:07.707922 ppp0 > slip139-92-26-177.ist.tr.ibm.net.1221 > dsl-usw-cust-110.inetarena.com.www: . 342:342(0) ack 4345 win 31856 <nop
,nop,timestamp 1247968 114849637> (DF)
13:08:08.057841 ppp0 > slip139-92-26-177.ist.tr.ibm.net.1045 > ns.de.ibm.net.domain: 8928+ PTR? 110.107.102.209.in-addr.arpa. (46)
13:08:08.747598 ppp0 < dsl-usw-cust-110.inetarena.com.www > slip139-92-26-177.ist.tr.ibm.net.1221: P 4345:5793(1448) ack 342 win 31856
<nop,nop,timestamp 114849813 1247968> (DF)
13:08:08.847870 ppp0 < dsl-usw-cust-110.inetarena.com.www > slip139-92-26-177.ist.tr.ibm.net.1221: FP 5793:6297(504) ack 342 win 31856
<nop,nop,timestamp 114849813 1247968> (DF)
13:08:08.848063 ppp0 > slip139-92-26-177.ist.tr.ibm.net.1221 > dsl-usw-cust-110.inetarena.com.www: . 342:342(0) ack 6298 win 31856 <nop
,nop,timestamp 1248082 114849813> (DF)
13:08:08.907566 ppp0 < ns.de.ibm.net.domain > slip139-92-26-177.ist.tr.ibm.net.1045: 8928* 3/1/1 PTR dsl-usw-cust-110.inetarena.com., P
TR fingerless.or (199)
13:08:09.151742 ppp0 > slip139-92-26-177.ist.tr.ibm.net.1221 > dsl-usw-cust-110.inetarena.com.www: F 342:342(0) ack 6298 win 31856 <nop
,nop,timestamp 1248112 114849813> (DF)
13:08:10.137603 ppp0 < dsl-usw-cust-110.inetarena.com.www > slip139-92-26-177.ist.tr.ibm.net.1221: . 6298:6298(0) ack 343 win 31856 <no
p,nop,timestamp 114849967 1248112> (DF)
13:09:01.984210 ppp0 > slip139-92-26-177.ist.tr.ibm.net.1222 > dsl-usw-cust-110.inetarena.com.www: S 920197285:920197285(0) win 32120 <
mss 1460,sackOK,timestamp 1253395 0,nop,wscale 0> (DF)
13:09:03.097569 ppp0 < dsl-usw-cust-110.inetarena.com.www > slip139-92-26-177.ist.tr.ibm.net.1222: S 1222277738:1222277738(0) ack 92019
7286 win 32120 <mss 1460,sackOK,timestamp 114855252 1253395,nop,wscale 0> (DF)
13:09:03.098197 ppp0 > slip139-92-26-177.ist.tr.ibm.net.1222 > dsl-usw-cust-110.inetarena.com.www: . 1:1(0) ack 1 win 32120 <nop,nop,ti
mestamp 1253507 114855252> (DF)
13:09:03.102171 ppp0 > slip139-92-26-177.ist.tr.ibm.net.1222 > dsl-usw-cust-110.inetarena.com.www: P 1:322(321) ack 1 win 32120 <nop,no
p,timestamp 1253507 114855252> (DF)
13:09:04.147613 ppp0 < dsl-usw-cust-110.inetarena.com.www > slip139-92-26-177.ist.tr.ibm.net.1222: . 1:1(0) ack 322 win 31856 <nop,nop,
timestamp 114855369 1253507> (DF)
13:09:04.507608 ppp0 < dsl-usw-cust-110.inetarena.com.www > slip139-92-26-177.ist.tr.ibm.net.1222: . 1:1449(1448) ack 322 win 31856 <no
p,nop,timestamp 114855369 1253507> (DF)
13:09:04.507934 ppp0 > slip139-92-26-177.ist.tr.ibm.net.1222 > dsl-usw-cust-110.inetarena.com.www: . 322:322(0) ack 1449 win 31856 <nop
,nop,timestamp 1253648 114855369> (DF)
13:09:05.627604 ppp0 < dsl-usw-cust-110.inetarena.com.www > slip139-92-26-177.ist.tr.ibm.net.1222: . 1449:2897(1448) ack 322 win 31856
<nop,nop,timestamp 114855491 1253648> (DF)
13:09:05.857649 ppp0 < dsl-usw-cust-110.inetarena.com.www > slip139-92-26-177.ist.tr.ibm.net.1222: . 2897:4345(1448) ack 322 win 31856
<nop,nop,timestamp 114855491 1253648> (DF)
13:09:05.857918 ppp0 > slip139-92-26-177.ist.tr.ibm.net.1222 > dsl-usw-cust-110.inetarena.com.www: . 322:322(0) ack 4345 win 31856 <nop
,nop,timestamp 1253783 114855491> (DF)
13:09:06.907557 ppp0 < dsl-usw-cust-110.inetarena.com.www > slip139-92-26-177.ist.tr.ibm.net.1222: FP 4345:5792(1447) ack 322 win 31856
 <nop,nop,timestamp 114855627 1253783> (DF)
13:09:06.907887 ppp0 > slip139-92-26-177.ist.tr.ibm.net.1222 > dsl-usw-cust-110.inetarena.com.www: . 322:322(0) ack 5793 win 31856 <nop
,nop,timestamp 1253888 114855627> (DF)
13:09:07.401205 ppp0 > slip139-92-26-177.ist.tr.ibm.net.1222 > dsl-usw-cust-110.inetarena.com.www: F 322:322(0) ack 5793 win 31856 <nop
,nop,timestamp 1253937 114855627> (DF)
13:09:08.317623 ppp0 < dsl-usw-cust-110.inetarena.com.www > slip139-92-26-177.ist.tr.ibm.net.1222: . 5793:5793(0) ack 323 win 31856 <no
p,nop,timestamp 114855780 1253937> (DF)
```

图 7-1

训练数据集大小约为 4GB，由分布在 7 周内的已压缩 TCP 转储数据组成，包含大约 500 万个网络连接。此外，我们还收集了与训练数据类型相同的两周测试数据，由约 200 万个连接组成。

上述数据中的攻击可以分为以下几类：

- 拒绝服务（DOS）攻击：这种攻击的更高级形式称为分布式拒绝服务（DDoS）攻击。
- 密码猜测攻击：对远程计算机的未授权访问。
- 缓冲区溢出攻击：对本地超级用户（root）权限的未授权访问。
- 侦察攻击：涉及端口监视和端口扫描。

7.2.3.2　导入包

我们使用机器学习 / 数据科学包（如 numpy、sklearn、pandas 和 matplotlib）进行可视化：

```
from time import time
 import numpy as np
 import matplotlib.pyplot as plt
 import pandas as pd
 from sklearn.model_selection import cross_val_score
```

我们使用 sklearn.ensemble 包中的 IsolationForest（孤立森林）：

```
from sklearn.ensemble import IsolationForest
```

为了评估性能，我们使用 ROC 和 AUC（将在本章的后面详细讨论）。

以下代码导入相关包并加载 KDD 数据：

```
 from sklearn.metrics import roc_curve, auc
 from sklearn.datasets import fetch_kddcup99
 %matplotlib inline

dataset = fetch_kddcup99(subset=None, shuffle=True, percent10=True)
 # http://www.kdd.org/kdd-cup/view/kdd-cup-1999/Tasks
 X = dataset.data
 y = dataset.target
```

7.2.3.3　数据特征

本例使用的 KDD 数据具有若干特征。表 7-1 展示了单个 TCP 连接的基本特征。

表 7-1

特征名	描述	类型
duration	连接的长度（秒数）	连续型
protocol_type	协议类型，如 tcp、udp 等	离散型
service	目标上的网络服务，例如 http、telnet 等	离散型
src_bytes	从源到目标的数据字节数	连续型
dst_bytes	从目标到源的数据字节数	连续型
flag	连接的正常和错误状态	离散型
land	如果连接来自 / 到同一主机或端口，则为 0，否则为 1	离散型
wrong_fragment	错误片段数	连续型
urgent	紧急包数	连续型

表 7-1 还展示了 TCP 连接具有的内容特征。表 7-2 展示了使用两秒时间窗口计算的流量特征。

表 7-2

特征名	描述	类型
count	过去两秒内连接到同一主机的连接数	连续型

表 7-3 展示的特征涉及同一类主机连接。

表 7-3

特征名	描述	类型
serror_rate	出现 SYN 错误的连接的百分比	连续型
rerror_rate	出现 REJ 错误的连接的百分比	连续型
same_srv_rate	连至相同服务的连接的百分比	连续型
diff_srv_rate	连至不同服务的连接的百分比	连续型

表 7-4 展示的特征涉及同一类服务连接。

表 7-4

特征名	描述	类型
srv_count	过去两秒内与当前连接指向相同服务的连接数	连续型
srv_serror_rate	出现 SYN 错误的连接的百分比	连续型
srv_rerror_rate	出现 REJ 错误的连接的百分比	连续型
srv_diff_host_rate	连至不同主机的连接的百分比	连续型

现在我们列出以上的表中的一些值：

```
feature_cols = ['duration', 'protocol_type', 'service', 'flag',
'src_bytes', 'dst_bytes', 'land', 'wrong_fragment', 'urgent', 'hot',
'num_failed_logins', 'logged_in', 'num_compromised', 'root_shell',
'su_attempted', 'num_root', 'num_file_creations', 'num_shells',
'num_access_files', 'num_outbound_cmds', 'is_host_login', 'is_guest_login',
'count', 'srv_count', 'serror_rate', 'srv_serrer_rate', 'rerror_rate',
'srv_rerror_rate', 'same_srv_rate', 'diff_srv_rate', 'srv_diff_host_rate',
'dst_host_count', 'dst_host_srv_count', 'dst_host_same_srv_rate',
'dst_host_diff_srv_rate', 'dst_host_same_src_port_rate',
'dst_host_srv_diff_host_rate', 'dst_host_serror_rate',
'dst_host_srv_serror_rate', 'dst_host_rerror_rate',
'dst_host_srv_rerror_rate']
 X = pd.DataFrame(X, columns = feature_cols)

 y = pd.Series(y)
X.head()
```

上述代码将显示表中所有列名所在的列的前几行，为方便后期处理，我们将列的类型转换为浮点数：

```
for col in X.columns:
    try:
        X[col] = X[col].astype(float)
    except ValueError:
        pass
```

将类别转换为虚拟变量或指示变量：

```
X = pd.get_dummies(X, prefix=['protocol_type_', 'service_', 'flag_'],
drop_first=True)
X.head()
```

现在我们将生成计数。执行时，上述代码显示大约 5 行 × 115 列：

```
y.value_counts()

Out:
smurf.            280790
neptune.          107201
normal.            97278
back.               2203
satan.              1589
ipsweep.            1247
portsweep.          1040
warezclient.        1020
teardrop.            979
pod.                 264
nmap.                231
guess_passwd.         53
buffer_overflow.      30
land.                 21
warezmaster.          20
imap.                 12
```

```
rootkit.              10
loadmodule.            9
ftp_write.             8
multihop.              7
phf.                   4
perl.                  3
spy.                   2
dtype: int64
```

我们在所有数据上使用 max_depth = 7 的分类树，如下所示：

```
from sklearn.tree import DecisionTreeClassifier, export_graphviz

treeclf = DecisionTreeClassifier(max_depth=7)

scores = cross_val_score(treeclf, X, y, scoring='accuracy', cv=5)

print np.mean(scores)

treeclf.fit(X, y)
```

上述模型拟合的输出如下：

```
0.9955204407492013
```

7.2.3.4   模型

我们使用决策树将数据分类为恶意和非恶意两种类别，在深入探讨决策树功能之前，我们将介绍决策树的相关理论。

决策树

决策树是一种对问题进行分类的监督方法，可处理分类变量和非分类变量，其中微分器将变量划分为多个同类子集。

决策树基于线性决策规则，其中叶子节点为输出结果，如图 7-2 所示。

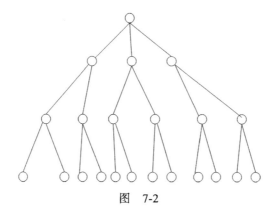

图   7-2

决策树的类型

基于目标类型，可以按决策树中的变量将决策树分为两大类。

分类变量决策树

决策树变量可以是绝对的，即是或否。一个典型的例子是考生是否通过考试的问题，结果为是或否。

连续变量决策树

目标变量连续的决策树称为连续变量决策树。连续变量是具有无限取值的变量，例如完成计算机作业的时间是 1.333333333333333。

基尼系数

以下代码描述了基尼系数（gini）：

```
DecisionTreeClassifier(class_weight=None, criterion='gini', max_depth=7,
          max_features=None, max_leaf_nodes=None,
          min_impurity_decrease=0.0, min_impurity_split=None,
          min_samples_leaf=1, min_samples_split=2,
          min_weight_fraction_leaf=0.0, presort=False, random_state=None,
          splitter='best')
```

通过 graphviz 函数用图形展示决策结果：

```
export_graphviz(treeclf, out_file='tree_kdd.dot', feature_names=X.columns)
```

在命令行，我们运行如下代码将图形转换为 PNG 格式：

```
# dot -Tpng tree_kdd.dot -o tree_kdd.png
```

然后提取特征重要性：

```
pd.DataFrame({'feature':X.columns,
'importance':treeclf.feature_importances_}).sort_values('importance',
ascending=False).head(10)
```

输出如表 7-5 所示。

表　7-5

	特征	重要性
20	srv_count	0.633 722
25	same_srv_rate	0.341 769
9	num_compromised	0.013 613
31	dst_host_diff_srv_rate	0.010 738

（续）

	特征	重要性
1	src_bytes	0.000 158
85	service__red_i	0.000 000
84	service__private	0.000 000
83	service__printer	0.000 000
82	service__pop_3	0.000 000
75	service__netstat	0.000 000

随机森林

随机森林是用于分类或回归的集成学习方法。随机森林由若干决策树构成，这些决策树组合在一起以进行一致的决定或分类，如图 7-3 所示。随机森林比常规决策树更优，它不会导致数据过拟合。

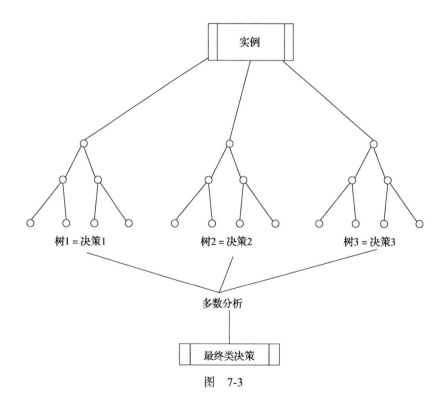

图　7-3

我们使用随机森林分类器的代码如下：

```
from sklearn.ensemble import RandomForestClassifier
 rf = RandomForestClassifier()
scores = cross_val_score(rf, X, y, scoring='accuracy', cv=5)
print np.mean(scores)
# nicer
rf.fit(X, y)
```

输出结果如下：

```
Out[39]:
0.9997307783262454
```

使用随机森林，我们可以得到比单个决策树更好的结果：

```
RandomForestClassifier(bootstrap=True, class_weight=None, criterion='gini',
            max_depth=None, max_features='auto', max_leaf_nodes=None,
            min_impurity_decrease=0.0, min_impurity_split=None,
            min_samples_leaf=1, min_samples_split=2,
            min_weight_fraction_leaf=0.0, n_estimators=10, n_jobs=1,
            oob_score=False, random_state=None, verbose=0,
            warm_start=False)
 pd.DataFrame({'feature':X.columns,
'importance':rf.feature_importances_}).sort_values('importance',
ascending=False).head(10)
```

特征选择如表 7-6 所示。

表　7-6

	特征	重要性
53	service__ecr_i	0.278 599
25	same_srv_rate	0.129 464
20	srv_count	0.108 782
1	src_bytes	0.101 766
113	flag__SF	0.073 368
109	flag__S0	0.058 412
19	count	0.055 665
29	dst_host_srv_count	0.038 069
38	protocol_type__tcp	0.036 816
30	dst_host_same_srv_rate	0.026 287

异常检测

离群值是数据集中与其他数据不一致的值，异常检测可以定义为检测此类离群值的过程。根据标记数据的占比，异常检测可分为以下类型：

- 监督异常检测，其特点如下：
  - 正常和异常数据均有标签。
  - 类似于稀有类挖掘 / 非平衡分类。
- 无监督异常检测（离群值检测），其特点如下：
  - 无标签，训练集＝正常数据＋异常数据。
  - 假设异常非常罕见。
- 半监督异常检测（新颖检测），其特点如下：
  - 只有正常的数据可用于训练。
  - 该算法仅学习正常数据。

孤立森林

孤立森林通过随机选择一个特征，再随机选择一个介于该特征最大值和最小值之间的分割值来进行孤立观察。

由于递归切分可以用树结构表示，因此使样本分隔所需的分割数等于从根节点到终止节点的路径长度。

随机树的平均路径长度是衡量正态性和决策函数的标准。

随机分割可能会产生显著较短的异常路径，因此，当随机树林为特定样本产生较短的路径长度时，它们很可能是异常。

使用知识发现数据库（KDD）进行监督和异常检测

在此示例中，我们将要使用二进制数据，其中"1"表示非正常攻击：

```
from sklearn.model_selection import train_test_split
y_binary = y != 'normal.'
y_binary.head()
```

输出如下：

```
Out[43]:

0    True
1    True
2    True
3    True
4    True
dtype: bool
```

我们将数据划分为训练集和测试集，并执行以下操作：

```
X_train, X_test, y_train, y_test = train_test_split(X, y_binary)

y_test.value_counts(normalize=True) # check our null accuracy
```

输出如下:

```
True      0.803524
False     0.196476
dtype: float64
```

在使用孤立森林模型时,我们得到:

```
model = IsolationForest()
model.fit(X_train)   # notice that there is no y in the .fit
```

输出如下:

```
Out[61]:

IsolationForest(bootstrap=False, contamination=0.1, max_features=1.0,
max_samples='auto', n_estimators=100, n_jobs=1, random_state=None,
        verbose=0)
```

我们做出如下预测:

```
y_predicted = model.predict(X_test)
pd.Series(y_predicted).value_counts()
Out[62]:
1    111221
-1    12285
dtype: int64
```

输入数据如下:

```
In [63]:
y_predicted = np.where(y_predicted==1, 1, 0)   # turn into 0s and 1s
pd.Series(y_predicted).value_counts()   # that's better

Out[63]:
1    111221
0    12285
dtype: int64

scores = model.decision_function(X_test)
scores   # the smaller, the more anomolous
Out[64]:
array([-0.06897078,  0.02709447, 0.16750811, ..., -0.02889957,
        -0.0291526,  0.09928597])
```

通过以下代码绘制图形:

```
pd.Series(scores).hist()
```

输出的图形如图 7-4 所示。

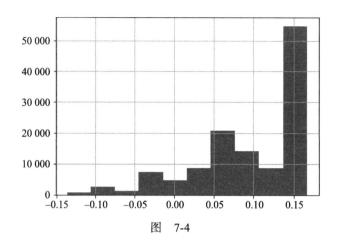

图　7-4

得到的输出如下面的代码片段所示：

```
from sklearn.metrics import accuracy_score
 preds = np.where(scores < 0, 0, 1)  # customize threshold
 accuracy_score(preds, y_test)

0.790868459831911

for t in (-2, -.15, -.1, -.05, 0, .05):
    preds = np.where(scores < t, 0, 1)  # customize threshold
    print t, accuracy_score(preds, y_test)

-2 0.8035237154470228
 -0.15 0.8035237154470228
 -0.1 0.8032889090408564
 -0.05 0.8189480673003741
 0 0.790868459831911
 0.05 0.7729260116917397
```

在不需要测试集的情况下，-0.05　0.816988648325 展示了比空准确率更好的性能，这说明了我们如何在没有标记数据的情况下实现预测结果。

这是关于异常检测一个有意思的案例，但在给定标记数据时，我们不使用该方法。

7.3　使用决策树检测恶意 URL

我们再次探讨检测恶意 URL 的问题。我们将使用决策树来解决该问题，首先加载数据：

```
from urlparse import urlparse
import pandas as pd
urls = pd.read_json("../data/urls.json")
print urls.shape
urls['string'] = "http://" + urls['string']
```

```
(5000, 3)
```

打印 urls 头的一部分：

```
urls.head(10)
```

输出如表 7-7 所示。

表　7-7

	pred	字符串	真值
0	1.574204e-05	http://startbuyingstocks.com/	0
1	1.840909e-05	http://qqcvk.com/	0
2	1.842080e-05	http://432parkavenue.com/	0
3	7.954729e-07	http://gamefoliant.ru/	0
4	3.239338e-06	http://orka.cn/	0
5	3.043137e-04	http://media2.mercola.com/	0
6	4.107331e-37	http://ping.chartbeat.net/ping?h=sltrib.comp=...	0
7	1.664497e-07	http://stephensteels.com/	0
8	1.400715e-05	http://kbd-eko.pl/	0
9	2.273991e-05	http://ceskaposta.cz/	0

如下代码将数据集以真值和字符串的格式输出：

```
X, y = urls['truth'], urls['string']
X.head()  # look at X
```

执行上述代码得到以下输出：

```
0     http://startbuyingstocks.com/
1              http://qqcvk.com/
2       http://432parkavenue.com/
3          http://gamefoliant.ru/
4               http://orka.cn/
Name: string, dtype: object
```

由于我们对非恶意预测 0 感兴趣，因此得到空准确率：

```
y.value_counts(normalize=True)
```

```
0    0.9694
1    0.0306
Name: truth, dtype: float64
```

我们编写了一个名为 custom_tokenizer 的函数，它接受一个字符串并输出字符串的分词列表：

```
from sklearn.feature_extraction.text import CountVectorizer
 import re

 def custom_tokenizer(string):
    final = []
    tokens = [a for a in list(urlparse(string)) if a]
    for t in tokens:
        final.extend(re.compile("[.-]").split(t))
    return final

print custom_tokenizer('google.com')

 print
custom_tokenizer('https://google-so-not-fake.com?fake=False&seriously=True'
)

['google', 'com']
['https', 'google', 'so', 'not', 'fake', 'com',
'fake=False&seriously=True']
```

首先使用逻辑回归，导入相关包，如下所示：

```
from sklearn.pipeline import Pipeline
 from sklearn.linear_model import LogisticRegression
vect = CountVectorizer(tokenizer=custom_tokenizer)
 lr = LogisticRegression()
 lr_pipe = Pipeline([('vect', vect), ('model', lr)])

from sklearn.model_selection import cross_val_score, GridSearchCV,
train_test_split
scores = cross_val_score(lr_pipe, X, y, cv=5)
scores.mean()  # not good enough!!
```

输出如下：

```
0.980002384002384
```

接下来使用随机森林检测恶意 URL（将在下一章讨论随机森林理论），导入管道，如下所示：

```
from sklearn.pipeline import Pipeline
 from sklearn.ensemble import RandomForestClassifier

 rf_pipe = Pipeline([('vect', vect), ('model',
RandomForestClassifier(n_estimators=500))])
 scores = cross_val_score(rf_pipe, X, y, cv=5)

 scores.mean()  # not as good
```

输出如下：

```
0.981002585002585
```

构建测试集和训练集，然后生成混淆矩阵，如下所示：

```
X_train, X_test, y_train, y_test = train_test_split(X, y)
from sklearn.metrics import confusion_matrix
rf_pipe.fit(X_train, y_train)
preds = rf_pipe.predict(X_test)
 print confusion_matrix(y_test, preds)  # hmmmm
[[1205    0]
 [  27 18]]
```

得到恶意 URL 的预测概率：

```
probs = rf_pipe.predict_proba(X_test)[:,1]
```

使用阈值改变假正 / 假负率：

```
import numpy as np
 for thresh in [.1, .2, .3, .4, .5, .6, .7, .8, .9]:
    preds = np.where(probs >= thresh, 1, 0)
    print thresh
    print confusion_matrix(y_test, preds)
    print
```

输出如下：

```
0.1
 [[1190   15]
 [  15 30]]

 0.2
 [[1201    4]
 [  17 28]]

 0.3
 [[1204    1]
 [  22 23]]

 0.4
 [[1205    0]
 [  25 20]]

 0.5
 [[1205    0]
 [  27 18]]

 0.6
 [[1205    0]
 [  28 17]]

 0.7
 [[1205    0]
 [  29 16]]

 0.8
```

```
[[1205    0]
 [  29 16]]

0.9
[[1205    0]
 [  30 15]]
```

转储重要性指标来检测每个网址特征的重要性：

```
pd.DataFrame({'feature':rf_pipe.steps[0][1].get_feature_names(),
'importance':rf_pipe.steps[-1][1].feature_importances_}).sort_values('impor
tance', ascending=False).head(10)
```

表 7-8 展示了特征重要性：

表　7-8

	特征	重要性
4439	decolider	0.051 752
4345	cyde6743276hdjheuhde/dispatch/webs	0.045 464
789	/system/database/konto	0.045 051
8547	verifiziren	0.044 641
6968	php/	0.019 684
6956	php	0.015 053
5645	instantgrocer	0.014 205
381	/errors/report	0.013 818
4813	exe	0.009 287
92	/	0.009 121

我们将使用决策树分类器，如以下代码所示：

```
treeclf = DecisionTreeClassifier(max_depth=7)

tree_pipe = Pipeline([('vect', vect), ('model', treeclf)])

 vect = CountVectorizer(tokenizer=custom_tokenizer)

 scores = cross_val_score(tree_pipe, X, y, scoring='accuracy', cv=5)

 print np.mean(scores)

 tree_pipe.fit(X, y)

 export_graphviz(tree_pipe.steps[1][1], out_file='tree_urls.dot',
feature_names=tree_pipe.steps[0][1].get_feature_names())
```

准确率为 0.98：

```
0.9822017858017859
```

图 7-5 描述了恶意 URL 检测中的决策逻辑如何工作。

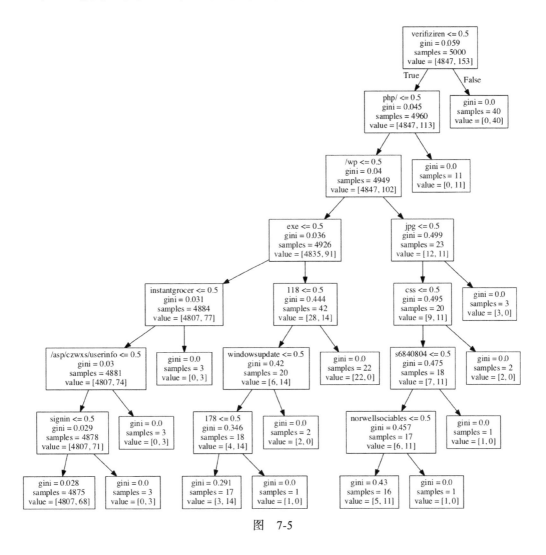

图　7-5

7.4　总结

本章研究了恶意数据的不同类型以及无线传感器中的恶意注入，还介绍了不同类型的决策树，包括分类变量和连续变量决策树。最后探讨了使用决策树进行恶意 URL 检测。

在下一章，我们将学习如何抓住伪装者和黑客。

第8章

抓住伪装者和黑客

伪装攻击是近年来发展最快的网络攻击形式。伪装的最基本形式是冒名。冒名是社会工程的基本形式，攻击者通过伪装成他人来获取仅该人可访问的数据或资源。

为更好地理解伪装攻击，检测不同的攻击，并掌握机器学习如何解决这些问题，本章将涉及以下主题：

- 理解伪装。
- 不同类型的伪装欺诈。
- 理解莱文斯坦距离。
- 检查恶意域相似性的案例。
- 检测作者归属的案例。

8.1 理解伪装

在美国，最易被伪装的两类人是：

- 美国邮政署职员：有人穿着美国邮政署工装以递送包裹为由进入安全部门，从而能够进入未经授权的区域。
- 技术人员：如果对方是技术人员，我们就会很乐意给出我们的凭证，如登录密码。伪装者不仅窃取个人身份信息，还可能接触到物理服务器，他们可以使用随身带的光盘盗取很多文件。攻击者不仅攻击个人，还可以使整个网络崩溃。通过假意下载防病毒软件和补丁来下载安装未经授权的软件，就可以创建网关作为后台进程来远程访问计算机。

容易被伪装的人还有：

- 执法人员。

- 快递员。

8.2　伪装欺诈的不同类型

根据一份报告，每年至少有 75% 的公司成为伪装攻击的目标。伪装攻击有很多类型，最常见的是：

- **行政人员伪装**：伪装者获得了高管（如公司首席执行官或首席财务官）的账号，可能通过对电子邮件 ID 进行微小的改动，假冒成高管发送电子邮件，例如将 janedoe@xyz.com 改为 jandoe@xyz.com。这些电子邮件一般会提及需快速反馈的敏感问题（如紧急电汇），员工通常会因忽略电子邮件 ID 的细微差别而上当，如图 8-1 所示。

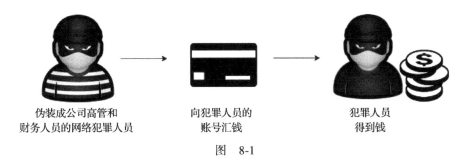

伪装成公司高管和　　　　　向犯罪人员的　　　　　犯罪人员
财务人员的网络犯罪人员　　账号汇钱　　　　　　　得到钱

图　8-1

- **供应商伪装**：这是另一种欺诈行为，伪装者会假冒合法供应商的电子邮件 ID，并发送有关付款信息变更的电子邮件，当然，电子邮件中会给出一个新的银行地址。

- **客户伪装**：伪装者假冒客户来收集可用于未来欺诈的秘密或有价值的信息。

- **身份盗用**：这是一种常见的可以获得经济利益的伪装方式，也可能构成犯罪，如身份克隆和医疗身份盗用。身份盗用可能引发其他犯罪行为，如移民欺诈、为恐怖主义目的攻击支付系统、网络钓鱼和间谍活动。

- **工业间谍活动**：工业公司、软件和汽车公司中都存在工业间谍，其目的是对竞争对手或政府进行一些破坏行为来收集信息和竞争情报。伪装者使用恶意软件或执行分布式拒绝服务从对公司不满意的员工那里收集信息。

8.2.1 伪装者收集信息

通常，伪装者通过社会工程方法收集信息，然后将收集到的信息碎片进行整合。因此，即使是一小段信息也可以作为秘密信息的关键部分。

常见的社会工程方法包括以下内容：

- 跟踪。
- 网络爬虫。
- 网络钓鱼电子邮件。
- 垃圾搜索。
- 窃听。
- 尾随。
- 偷窥。
- 装有恶意软件或其他软件的 USB 设备。

8.2.2 构建伪装攻击

图 8-2

在软件行业，最流行的伪装方法如下：

- 大量注册与合法域名相似的域名。假设 abclegit.com 是一个合法网站，伪装者将克隆该网站域名，如下所示：

abcleg1t.com abdlegit.com abcl3git.com abclegil.com

- 模仿名字：伪装欺诈的另一种方法是更改受害者的名称，改后的名称与实际名称很相近。如果使用仅有微小改变的受害者名称发送电子邮件，则可以诱使用户相信这是合法的电子邮件 ID。以前面的示例为例，janedoe@example.com 变为 jamedoe@example.com。

使用数据科学来检测伪装域名

对于前面的两个示例，我们可以使用一些机器学习算法检测两个字符串之间存在的差异。

8.3 莱文斯坦距离

莱文斯坦距离是基于文字编辑距离的度量标准，有助于检测两个字符串序列之间的距离。它计算从第一个字符序列变成第二个字符序列所需的操作（替换或插入）数。

两个字符串序列 a 和 b 之间的莱文斯坦距离如图 8-3 所示。

$$\text{lev}_{a,b}(i,j) = \begin{cases} \max(i,j) & \min(i,j) = 0 \\ \min \begin{cases} \text{lev}_{a,b}(i-1,j) + 1 \\ \text{lev}_{a,b}(i,j-1) + 1 \\ \text{lev}_{a,b}(i-1,j-1) + 1_{(a_i \neq b_j)} \end{cases} & \text{其他} \end{cases}$$

图 8-3

其中，指标函数在 $a_i = b_i$ 时等于 0，否则等于 1。下面介绍一些基于莱文斯坦距离的例子。

8.3.1 检查恶意 URL 间的域名相似性

以下代码是基于 Python 实现的莱文斯坦距离的迭代计算：

```
def iterative_levenshtein(a, b):
    rows = len(a)+1  cols = len(b)+1
    dist = [[0 for x in range(cols)]
for x in range(rows)]
```

前面的函数 dist[i,j] 包含序列 a 中字符 i 和序列 b 中字符 j 之间的莱文斯坦距离：

```
#edit distance by deleting character
for i in range(1, rows):
    dist[i][0] = i
# edit distance by inserting the characters
for i in range(1, cols):        dist[0][i] = i
```

通过删除字符或从字符串序列中插入字符来计算编辑距离：

```
for col in range(1, cols):
for row in range(1, rows):
    if s[row-1] == t[col-1]:
        cost = 0
    else:
        cost = 1
dist[row][col] = min(dist[row-1][col] + 1,
# by deletes
dist[row][col-1] + 1, # by inserts
dist[row-1][col-1] + cost) # by substitutes
```

最后，输出 `abclegit.com` 和 `abcleg1t.com` 之间的距离，如下面的代码所示：

```
    for r in range(rows):
print(dist[r])
return
dist[row][col]print(iterative_levenshtein("abclegit", "abcleg1t"))
```

8.3.2 作者归属

不同作者的作品的句子结构是独特的，可用于识别作者。自然语言处理（NLP）和语义方法可用于检测作者归属。作者归属（AA）在某种程度上是一种可以计算的数字指纹，可以应用于各个领域，包括技术、教育和犯罪取证。作者归属在信息检索和问答系统中起到至关重要的作用，是一个非主题分类问题。

推特的作者归属检测

我们将使用 Python 的 `tweepy` 包调用推特 API，如果你没有安装它，请按照以下步骤操作：

（1）从 PyPI 安装：

```
easy_install tweepy
```

或者从源代码安装：

```
git clone git://github.com/tweepy/tweepy.git
cd tweepy
python setup.py install
```

（2）安装完成后，开始导入 `tweepy`：

```
import tweepy
```

（3）导入用户密钥和用于身份验证的令牌（OAuth）：

```
api_key = 'g5uPIpw80nULQI1gfklv2zrh4'api_secret =
```

```
'cOWvNWxYvPmEZ0ArZVeeVVvJu41QYHdUS2GpqIKtSQ1isd5PJy'access_token =
'49722956-TWl8J0aAS6KTdcbz3ppZ7NfqZEmrwmbsb9cYPNELG'access_secret =
'3eqrVssF3ppv23qyflyAto8wLEiYRA8sXEPSghuOJWTub
```

（4）使用下面给出的密钥和令牌完成 OAuth 流程：

```
auth = tweepy.OAuthHandler(api_key,
api_secret)auth.set_access_token(access_token, access_secret)
```

（5）使用此步骤中的身份验证创建实际界面：

```
api = tweepy.API(auth)my_tweets, other_tweets = [], []
```

（6）通过推特 API 获得 500 条独特的推文，我们不考虑转发的推文。我们的目标是将自己的推文与推特上的其他推文进行比较：

```
to_get = 500for status in tweepy.Cursor(api.user_timeline,
screen_name='@prof_oz').items():    text = status._json['text']   if
text[:3] != 'RT ': # we don't want retweets because they didn't
author those!    my_tweets.append(text)   else:
other_tweets.append(text)   to_get -= 1  if to_get <=0:          break
```

（7）统计真实推文的数量和其他推文的数量，注意其他推文不被视为伪装推文：

```
In [67]:len(real_tweets), len(other_tweets)
```

输出如下：

```
Out[67]:(131, 151)
```

（8）查看两种推文的标题：

```
real_tweets[0], other_tweets[0]
```

输出如下：

```
(u'@stanleyyork Definitely check out the Grand Bazaar as well as a
tour around the Mosques and surrounding caf\xe9s / sho\u2026
https://t.co/ETREtznTgr',u'RT @SThornewillvE: This weeks
@superdatasci podcast has a lot of really interesting talk about
#feature engineering, with @Prof_OZ, the auth\u2026')
```

我们使用 pandas 将数据放入数据帧，并添加一个列 is_mine。对于所有真实推文，is_mine 列被设置为 True，而对于所有其他推文，该列都被设置为 False：

```
import pandasdf = pandas.DataFrame({'text': my_tweets+other_tweets,
'is_mine': [True]*len(my_tweets)+[False]*len(other_tweets)})
```

查看数据帧的维度，如下所示：

```
df.shape
(386, 2)Hello
```

让我们查看表格的前几行：

```
df.head(2)
```

输出如表 8-1 所示。

表 8-1

	is_mine	text
0	True	@stanleyyork Definitely check out the Grand Ba...
1	True	12 Exciting Ways You Can Use Voice-Activated T...

让我们查看表格的最后几行：

```
df.tail(2)
```

输出如表 8-2 所示。

表 8-2

	is_mine	text
384	False	RT @Variety: BREAKING: #TheInterview will be s...
385	False	RT @ProfLiew: Let's all congratulate Elizabeth...

为了验证，我们提取数据集的一部分：

```
import numpy as np
np.random.seed(10)

remove_n = int(.1 * df.shape[0])  # remove 10% of rows for validation set

drop_indices = np.random.choice(df.index, remove_n, replace=False)
validation_set = df.iloc[drop_indices]
training_set = df.drop(drop_indices)
```

8.3.3 测试数据集和验证数据集之间的差异

验证数据集是不用于训练模型一部分数据，该数据主要用于参数调整和测量模型效率。

验证数据集不同于测试数据集（也在训练阶段被保留），两者之间的区别在于测试数据集经过调整后被用于模型选择。

但是，有些情况下验证数据集不足以调整参数，需要对模型执行 k 重交叉验证。

输入如下：

```
validation_set.shape, training_set.shape
```

输出如下：

```
((38, 2), (348, 2))
```

```
X, y = training_set['text'], training_set['is_mine']
```

我们将数据分配到不同的数据集中，然后导入相应的模块并进行数据建模。我们使用 sklearn 进行建模，若你还没有安装 sklearn，请使用 pip 进行安装：

```
from sklearn.feature_extraction.text import CountVectorizer
```

```
class sklearn.feature_extraction.text.CountVectorizer(input='content',
encoding='utf-8', decode_error='strict', strip_accents=None,
lowercase=True, preprocessor=None, tokenizer=None, stop_words=None,
token_pattern='(?u)\b\w\w+\b', ngram_range=(1, 1), analyzer='word',
max_df=1.0, min_df=1, max_features=None, vocabulary=None, binary=False,
dtype=<class 'numpy.int64'>)
```

CountVectorizor 是一种广泛用于将文本文档集合转换为分词计数的向量或矩阵的函数，它将大写转换为小写，并忽略标点符号。但是，它不能用于词干提取，即截取单词的开头或结尾以形成前缀和后缀。基本上，词干提取的思想是从相应的词干周围删除派生词。一个例子如表 8-3 所示。

表　8-3

词干	提取前
Hack	Hackes
Hack	Hacking
Cat	Catty
Cat	Catlike

CountVectorizor 可以进行源文本的词形还原。词形还原是指词语的形态分析，删除所有屈折词并输出词根（也被称为词元），如表 8-4 所示。因此，在某种程度上，词形还原和词干提取是密切相关的。

表　8-4

词根	还原前
good	better
good	best

CountVectorizer 可以创建特征，如 n 元范围设置为 1 的词袋。按照我们提供的 n 元值，可以生成二元语法、三元语法等。CountVectorizor 具有：

```
from sklearn.pipeline import Pipeline, FeatureUnion, make_pipeline
```

sklearn 管道机制

在编写机器学习模型时，需要重复进行特定的某些步骤／操作。在这种情况下，管道通过对常规流程的简单封装，避免了编写重复的代码。

管道有助于预防／识别数据泄露，可以完成以下任务：

- 拟合
- 变换
- 预测

有一些函数可以转换／拟合训练和测试数据，如果我们最终用 Python 代码创建多个管道来生成特征，就可以运行特征联合函数将这些特征一个个按顺序连接起来。因此，管道能够用一个结果估计器实现所有的三种转换：

```
from sklearn.naive_bayes import MultinomialNB
```

8.3.4 用于多项式模型的朴素贝叶斯分类器

多项式朴素贝叶斯分类器适用于具有离散特征（如用于文本分类的字数）的分类，多项式分布通常需要整数特征计数，但是，实际上 TF-IDF 等分数计数也可以使用：

```
pipeline_parts = [
    ('vectorizer', CountVectorizer()),
    ('classifier', MultinomialNB())
]
simple_pipeline = Pipeline(pipeline_parts)
```

如该代码所示，创建了一个带朴素贝叶斯分类器和 CountVectorizer 的简单管道。

按如下所示导入 GridSearchCV：

```
from sklearn.model_selection import GridSearchCV
```

网格搜索（grid search）是对估计器的指定参数值进行穷举搜索，便于参数调整，包含成员拟合和预测。

GridSearchCV 实现 fit 和 score 方法，还实现 predict、predict_proba、decision_function、transform 和 inverse_transform（如果在已使用的估计器中实现）。

估计器的参数由参数网格上的交叉验证进行优化，如下所示：

```
simple_grid_search_params = {    "vectorizer__ngram_range": [(1, 1), (1,
3), (1, 5)],    "vectorizer__analyzer": ["word", "char",
"char_wb"],}grid_search = GridSearchCV(simple_pipeline,
simple_grid_search_params)grid_search.fit(X, y)
```

设置网格搜索参数并拟合，输出如下所示：

```
Out[97]: GridSearchCV(cv=None, error_score='raise',
        estimator=Pipeline(memory=None,
     steps=[('vectorizer', CountVectorizer(analyzer=u'word', binary=False,
decode_error=u'strict',
         dtype=<type 'numpy.int64'>, encoding=u'utf-8', input=u'content',
         lowercase=True, max_df=1.0, max_features=None, min_df=1,
         ngram_range=(1, 1), pre...one, vocabulary=None)), ('classifier',
MultinomialNB(alpha=1.0, class_prior=None, fit_prior=True))]),
        fit_params=None, iid=True, n_jobs=1,
        param_grid={'vectorizer__ngram_range': [(1, 1), (1, 3), (1, 5)],
'vectorizer__analyzer': ['word', 'char', 'char_wb']},
        pre_dispatch='2*n_jobs', refit=True, return_train_score='warn',
        scoring=None, verbose=0)
```

获得如下的最佳交叉验证准确率：

```
grid_search.best_score_   # best cross validated accuracy

0.896551724137931

model = grid_search.best_estimator_

# % False, % True
model.predict_proba([my_tweets[0]])

array([[2.56519064e-07, 9.99999743e-01]])
```

最后，我们使用 sklearn.metrics 包提供的准确率评分模块评估模型的准确率：

```
from sklearn.metrics import
accuracy_scoreaccuracy_score(model.predict(validation_set['text']),
validation_set['is_mine']) # accuracy on validation set. Very good!
```

该模型能够提供超过 90% 的准确率：

```
0.9210526315789473
```

此模型现在可用于检测作者的写作风格是否在某个时间点发生变化或是否已被黑客攻击。

8.3.5　入侵检测方法：伪装识别

我们将使用 AWID 数据识别伪装者。AWID 是一系列用于入侵检测的数据集，由各种大小的数据包组成。这些数据集不相互包含。

 有关详细信息，请参阅 http://icsdweb.aegean.gr/awid。

数据集的每个版本都有一个训练集（表示为 Trn）和一个测试集（表示为 Tst）。测试版本尚未从相应的训练集中生成。

最后，得到一个包含对应于不同的攻击（ATK）的标签的版本，以及一个攻击标签被分成三大类（CLS）的版本。在这种情况下，数据集仅在标签上有所不同，如表 8-5 所示。

表　8-5

名称	类	大小	类型	记录	时间（时）
AWID-ATK-F-Trn	10	Full	Train	162 375 247	96
AWID-ATK-F-Tst	17	Full	Test	48 524 866	12
AWID-CLS-F-Trn	4	Full	Train	162 375 247	96
AWID-CLS-F-Tst	4	Full	Test	48 524 866	12
AWID-ATK-R-Trn	10	Reduced	Train	1 795 575	1
AWID-ATK-R-Tst	15	Reduced	Test	575 643	1/3
AWID-CLS-R-Trn	4	Reduced	Train	1 795 575	1
AWID-CLS-R-Tst	4	Reduced	Test	530 643	1/3

该数据集有 155 个属性。

 有关详细说明，请访问 http://icsdweb.aegean.gr/awid/features.html。

数据帧的属性见表 8-6。

表　8-6

字段名	描述	类型	版本
comment	注释	字符串	1.8.0 ～ 1.8.15
frame.cap_len	存储到捕获文件的帧长度	无符号整数，4 字节	1.0.0 ～ 3.2.6
frame.coloring_rule.name	着色规则名称	字符串	1.0.0 ～ 3.2.6
frame.coloring_rule.string	着色规则字符串	字符串	1.0.0 ～ 3.2.6

（续）

字段名	描述	类型	版本
`frame.comment`	注释	字符串	1.10.0 ～ 3.2.6
`frame.comment.expert`	格式化注释	标签	1.12.0 ～ 3.2.6
`frame.dlt`	WTAP_ENCAP	有符号整数，2 字节	1.8.0 ～ 1.8.15
`frame.encap_type`	封装类型	有符号整数，2 字节	1.10.0 ～ 3.2.6
`frame.file_off`	文件偏移量	有符号整数，8 字节	1.0.0 ～ 3.2.6
`frame.ignored`	帧被忽略	布尔值	1.4.0 ～ 3.2.6
`frame.incomplete`	不完整的解剖器	标签	2.0.0 ～ 3.2.6
`frame.interface_description`	接口描述	字符串	2.4.0 ～ 3.2.6
`frame.interface_id`	接口 ID	无符号整数，4 字节	1.8.0 ～ 3.2.6
`frame.interface_name`	接口名	字符串	2.4.0 ～ 3.2.6
`frame.len`	传输的帧长度	无符号整数，4 字节	1.0.0 ～ 3.2.6
`frame.link_nr`	连接数	无符号整数，2 字节	1.0.0 ～ 3.2.6
`frame.marked`	帧被标记	布尔值	1.0.0 ～ 3.2.6
`frame.md5_hash`	帧 MD5 散列	字符串	1.2.0 ～ 3.2.6
`frame.number`	帧数	无符号整数，4 字节	1.0.0 ～ 3.2.6
`frame.offset_shift`	包的时间移位	时间偏移量	1.8.0 ～ 3.2.6
`frame.p2p_dir`	点对点方向	有符号整数，1 字节	1.0.0 ～ 3.2.6
`frame.p_prot_data`	每协议数据数	无符号整数，4 字节	1.10.0 ～ 1.12.13
`frame.packet_flags`	包标志	无符号整数，4 字节	1.10.0 ～ 3.2.6
`frame.packet_flags_crc_error`	CRC 错误	布尔值	1.10.0 ～ 3.2.6
`frame.packet_flags_direction`	目标	无符号整数，4 字节	1.10.0 ～ 3.2.6
`frame.packet_flags_fcs_length`	FCS 长度	无符号整数，4 字节	1.10.0 ～ 3.2.6
`frame.packet_flags_packet_too_error`	包过长错误	布尔值	1.10.0 ～ 3.2.6
`frame.packet_flags_packet_too_short_error`	包过短错误	布尔值	1.10.0 ～ 3.2.6
`frame.packet_flags_preamble_error`	引用错误	布尔值	1.10.0 ～ 3.2.6
`frame.packet_flags_reception_type`	接收类型	无符号整数，4 字节	1.10.0 ～ 3.2.6
`frame.packet_flags_reserved`	预留	无符号整数，4 字节	1.10.0 ～ 3.2.6
`frame.packet_flags_start_frame_delimiter_error`	起始帧分隔符错误	布尔值	1.10.0 ～ 3.2.6
`frame.packet_flags_symbol_error`	符号错误	布尔值	1.10.0 ～ 3.2.6
`frame.packet_flags_unaligned_frame_error`	未对齐帧错误	布尔值	1.10.0 ～ 3.2.6
`frame.packet_flags_wrong_inter_frame_gap_error`	帧间间隙错误	布尔值	1.10.0 ～ 3.2.6
`frame.pkt_len`	传输的帧长度	无符号整数，4 字节	1.0.0 ～ 1.0.16

（续）

字段名	描述	类型	版本
`frame.protocols`	帧协议	字符串	1.0.0 ~ 3.2.6
`frame.ref_time`	这是一个时间参照帧	标签	1.0.0 ~ 3.2.6
`frame.time`	到达时间	日期及时间	1.0.0 ~ 3.2.6
`frame.time_delta`	到前一被捕获帧的时间间隔	时间偏移量	1.0.0 ~ 3.2.6
`frame.time_delta_displayed`	到前一被显示帧的时间间隔	时间偏移量	1.0.0 ~ 3.2.6
`frame.time_epoch`	轮次时间	时间偏移量	1.4.0 ~ 3.2.6
`frame.time_invalid`	到达时间：超出范围（ 0 ~ 1 000 000 000 ）的分数秒	标签	1.0.0 ~ 3.2.6
`frame.time_relative`	从参照帧或第一帧开始到现在的时间	时间偏移量	1.0.0 ~ 3.2.6

在 GitHub 中可以找到该样本数据集。使用 Python 的 `pandas` 库将入侵数据转化为 `DataFrame`：

```
import pandas as pd
```

将之前讨论的特征导入 `DataFrame`：

```
# get the names of the features    features = ['frame.interface_id',
'frame.dlt', 'frame.offset_shift', 'frame.time_epoch', 'frame.time_delta',
'frame.time_delta_displayed', 'frame.time_relative', 'frame.len',
'frame.cap_len', 'frame.marked', 'frame.ignored', 'radiotap.version',
'radiotap.pad', 'radiotap.length', 'radiotap.present.tsft',
'radiotap.present.flags', 'radiotap.present.rate',
'radiotap.present.channel', 'radiotap.present.fhss',
'radiotap.present.dbm_antsignal', 'radiotap.present.dbm_antnoise',
'radiotap.present.lock_quality', 'radiotap.present.tx_attenuation',
'radiotap.present.db_tx_attenuation', 'radiotap.present.dbm_tx_power',
'radiotap.present.antenna', 'radiotap.present.db_antsignal',
'radiotap.present.db_antnoise',........ 'wlan.qos.amsdupresent',
'wlan.qos.buf_state_indicated', 'wlan.qos.bit4', 'wlan.qos.txop_dur_req',
'wlan.qos.buf_state_indicated', 'data.len', 'class']
```

导入训练数据集并计算数据集中可用的行数和列数：

```
# import a training setawid = pd.read_csv("../data/AWID-CLS-R-Trn.csv",
header=None, names=features)# see the number of rows/columnsawid.shape
```

输出如下：

```
Out[4]:(1795575, 155)
```

数据集使用？作为空属性，因此必须用 None 值替换它们：

```
awid.head()
```

以下代码将显示表中大约 5 行 ×155 列的值，现在我们将看到响应变量的分布：

```
awid['class'].value_counts(normalize=True)
```

```
normal 0.909564injection 0.036411impersonation 0.027023flooding
0.027002Name: class, dtype: float64
```

我们再次声明因？的存在而不可能存在空值：

```
awid.isna().sum()
```

```
frame.interface_id 0frame.dlt 0frame.offset_shift 0frame.time_epoch
0frame.time_delta 0frame.time_delta_displayed 0frame.time_relative
0frame.len 0frame.cap_len 0frame.marked 0frame.ignored 0radiotap.version
0radiotap.pad 0radiotap.length 0radiotap.present.tsft
0radiotap.present.flags 0radiotap.present.rate 0radiotap.present.channel
0radiotap.present.fhss 0radiotap.present.dbm_antsignal
0radiotap.present.dbm_antnoise 0radiotap.present.lock_quality
0radiotap.present.tx_attenuation 0radiotap.present.db_tx_attenuation
0radiotap.present.dbm_tx_power 0radiotap.present.antenna
0radiotap.present.db_antsignal 0radiotap.present.db_antnoise
0radiotap.present.rxflags 0radiotap.present.xchannel 0
..wlan_mgt.rsn.version 0wlan_mgt.rsn.gcs.type 0wlan_mgt.rsn.pcs.count
0wlan_mgt.rsn.akms.count 0wlan_mgt.rsn.akms.type
0wlan_mgt.rsn.capabilities.preauth 0wlan_mgt.rsn.capabilities.no_pairwise
0wlan_mgt.rsn.capabilities.ptksa_replay_counter
0wlan_mgt.rsn.capabilities.gtksa_replay_counter
0wlan_mgt.rsn.capabilities.mfpr 0wlan_mgt.rsn.capabilities.mfpc
0wlan_mgt.rsn.capabilities.peerkey 0wlan_mgt.tcprep.trsmt_pow
0wlan_mgt.tcprep.link_mrg 0wlan.wep.iv 0wlan.wep.key 0wlan.wep.icv
0wlan.tkip.extiv 0wlan.ccmp.extiv 0wlan.qos.tid 0wlan.qos.priority
0wlan.qos.eosp 0wlan.qos.ack 0wlan.qos.amsdupresent
0wlan.qos.buf_state_indicated 0wlan.qos.bit4 0wlan.qos.txop_dur_req
0wlan.qos.buf_state_indicated.1 0data.len 0class 0Length: 155, dtype: int64
```

用 None 替换？标记：

```
awid.replace({"?": None}, inplace=True
```

统计缺失的数据量：

```
awid.isna().sum()
```

输出如下：

```
frame.interface_id                               0
frame.dlt                                  1795575
frame.offset_shift                               0
frame.time_epoch                                 0
frame.time_delta                                 0
```

```
frame.time_delta_displayed                              0
frame.time_relative                                     0
frame.len                                               0
frame.cap_len                                           0
frame.marked                                            0
frame.ignored                                           0
radiotap.version                                        0
radiotap.pad                                            0
radiotap.length                                         0
radiotap.present.tsft                                   0
radiotap.present.flags                                  0
radiotap.present.rate                                   0
radiotap.present.channel                                0
radiotap.present.fhss                                   0
radiotap.present.dbm_antsignal                          0
radiotap.present.dbm_antnoise                           0
radiotap.present.lock_quality                           0
radiotap.present.tx_attenuation                         0
radiotap.present.db_tx_attenuation                      0
radiotap.present.dbm_tx_power                           0
radiotap.present.antenna                                0
radiotap.present.db_antsignal                           0
radiotap.present.db_antnoise                            0
radiotap.present.rxflags                                0
radiotap.present.xchannel                               0
                                                      ...
wlan_mgt.rsn.version                              1718631
wlan_mgt.rsn.gcs.type                             1718631
wlan_mgt.rsn.pcs.count                            1718631
wlan_mgt.rsn.akms.count                           1718633
wlan_mgt.rsn.akms.type                            1718651
wlan_mgt.rsn.capabilities.preauth                 1718633
wlan_mgt.rsn.capabilities.no_pairwise             1718633
wlan_mgt.rsn.capabilities.ptksa_replay_counter    1718633
wlan_mgt.rsn.capabilities.gtksa_replay_counter    1718633
wlan_mgt.rsn.capabilities.mfpr                    1718633
wlan_mgt.rsn.capabilities.mfpc                    1718633
wlan_mgt.rsn.capabilities.peerkey                 1718633
wlan_mgt.tcprep.trsmt_pow                         1795536
wlan_mgt.tcprep.link_mrg                          1795536
wlan.wep.iv                                        944820
wlan.wep.key                                       909831
wlan.wep.icv                                       944820
wlan.tkip.extiv                                   1763655
wlan.ccmp.extiv                                   1792506
wlan.qos.tid                                      1133234
wlan.qos.priority                                 1133234
wlan.qos.eosp                                     1279874
wlan.qos.ack                                      1133234
wlan.qos.amsdupresent                             1134226
wlan.qos.buf_state_indicated                      1795575
wlan.qos.bit4                                     1648935
wlan.qos.txop_dur_req                             1648935
wlan.qos.buf_state_indicated.1                    1279874
```

```
data.len                                           903021
class                                                   0
Length: 155, dtype: int64
```

这里的目标是删除缺少一半以上数据的列：

```
columns_with_mostly_null_data = awid.columns[awid.isnull().mean() >= 0.5]
```

有 72 列受到影响：

```
columns_with_mostly_null_data.shape
```

输出如下：

```
(72,)
```

删除缺少一半以上数据的列：

```
awid.drop(columns_with_mostly_null_data, axis=1, inplace=True)awid.shape
```

上面的代码给出以下输出：

```
(1795575, 83)
```

删除缺少数据的行：

```
awid.dropna(inplace=True) # drop rows with null data
```

删除了 456 169 行：

```
awid.shape
```

以下是上述代码的输出：

```
(1339406, 83)
```

但是，删除并不会影响分布：

```
# 0.878763 is our null accuracy. Our model must be better than this number
to be a contenderawid['class'].value_counts(normalize=True)
```

输出如下：

```
normal 0.878763injection 0.048812impersonation 0.036227flooding
0.036198Name: class, dtype: float64
```

现在执行以下代码：

```
# only select numeric columns for our ML algorithms, there should be more..
awid.select_dtypes(['number']).shape.
```

```
(1339406, 45)
```

```
# transform all columns into numerical dtypesfor col in awid.columns:
awid[col] = pd.to_numeric(awid[col], errors='ignore')# that makes more
senseawid.select_dtypes(['number']).shape
```

上面的代码给出以下输出：

```
(1339406, 74)
```

现在执行下面的 `awid.describe()` 代码：

```
# basic descroptive statistics
awid.describe()
```

输出将显示一个 8 行 × 74 列的表。

```
X, y = awid.select_dtypes(['number']), awid['class']

# do a basic naive bayes fitting
from sklearn.naive_bayes import GaussianNB

nb = GaussianNB()

# fit our model to the data
nb.fit(X, y)

GaussianNB(priors=None)
```

读入测试数据并对其进行相同的转换：

```
awid_test = pd.read_csv("../data/AWID-CLS-R-Tst.csv", header=None,
names=features)
# drop the problematic columns
awid_test.drop(columns_with_mostly_null_data, axis=1, inplace=True)
# replace ? with None
awid_test.replace({"?": None}, inplace=True)
# drop the rows with null data
awid_test.dropna(inplace=True)  # drop rows with null data
# convert columns to numerical values
for col in awid_test.columns:
    awid_test[col] = pd.to_numeric(awid_test[col], errors='ignore')
awid_test.shape
```

输出如下：

```
Out[45]:(389185, 83)
```

检查基本指标和代码的准确率：

```
from sklearn.metrics import accuracy_score

X_test = awid_test.select_dtypes(['number'])
y_test = awid_test['class']

# simple function to test the accuracy of a model fitted on training data
on our testing data
def get_test_accuracy_of(model):
    y_preds = model.predict(X_test)
    return accuracy_score(y_preds, y_test)
```

```
# naive abyes does very poorly on its own!
get_test_accuracy_of(nb)
```

输出如下：

```
0.26535452291326744
```

我们将使用逻辑回归解决以下问题：

```
from sklearn.linear_model import LogisticRegression

lr = LogisticRegression()

lr.fit(X, y)

# Logistic Regressions does even worse
get_test_accuracy_of(lr)
```

输出如下：

```
0.015773989233911892
```

导入决策树分类器，如下所示：

```
from sklearn.tree import DecisionTreeClassifier

tree = DecisionTreeClassifier()

tree.fit(X, y)

# Tree does very well!
get_test_accuracy_of(tree)
```

输出如下：

```
0.9336639387437851
```

我们看到决策树特征的基尼分数如下：

```
pd.DataFrame({'feature':awid.select_dtypes(['number']).columns,
'importance':tree.feature_importances_}).sort_values('importance',
ascending=False).head(10)
```

得到如表 8-7 所示的输出。

表   8-7

	特征	重要性
6	frame.len	0.230 466
3	frame.time_delta	0.221 151
68	wlan.fc.protected	0.145 760

（续）

		特征	重要性
70		wlan.duration	0.127 612
5		frame.time_relative	0.079 571
7		frame.cap_len	0.059 702
62		wlan.fc.type	0.040 192
72		wlan.seq	0.026 807
65		wlan.fc.retry	0.019 807
58		radiotap.dbm_antsignal	0.014 195

导入随机森林分类器，如下所示：

```
from sklearn.ensemble import RandomForestClassifier

forest = RandomForestClassifier()

forest.fit(X, y)

# Random Forest does slightly worse
get_test_accuracy_of(forest)
```

输出如下：

```
0.9297326464277914
```

创建一个管道来对数据进行标准化，然后将得到的数据输入决策树：

```
from sklearn.pipeline import Pipeline
from sklearn.preprocessing import StandardScaler
from sklearn.model_selection import GridSearchCV

preprocessing = Pipeline([
    ("scale", StandardScaler()),
])

pipeline = Pipeline([
    ("preprocessing", preprocessing),
    ("classifier", DecisionTreeClassifier())
])

# try varying levels of depth
params = {
    "classifier__max_depth": [None, 3, 5, 10],
        }

# instantiate a gridsearch module
grid = GridSearchCV(pipeline, params)
# fit the module
```

```
grid.fit(X, y)

# test the best model
get_test_accuracy_of(grid.best_estimator_)
```

输出如下：

```
0.9254930174595629
```

用随机森林执行相同操作：

```
preprocessing = Pipeline([
    ("scale", StandardScaler()),
])

pipeline = Pipeline([
    ("preprocessing", preprocessing),
    ("classifier", RandomForestClassifier())
])

# try varying levels of depth
params = {
    "classifier__max_depth": [None, 3, 5, 10],
        }

grid = GridSearchCV(pipeline, params)
grid.fit(X, y)
# best accuracy so far!
get_test_accuracy_of(grid.best_estimator_)
```

最终准确率如下：

```
0.9348176317175636
```

8.4 总结

本章首先介绍了不同类型的伪装攻击以及伪装者如何收集信息，然后介绍了如何构建伪装攻击，以及如何利用数据科学检测伪装域名，最后介绍了莱文斯坦距离，以及恶意 URL 的域名相似性和作者归属检测。

在下一章，我们将介绍如何使用 TensorFlow 解决以上问题。

第 9 章

用 TensorFlow 实现入侵检测

TensorFlow 是 Google Brain 团队开发的一个开源软件库，用于执行高性能数值计算。TensorFlow 库可对一系列数值计算任务进行编程。

在本章，我们将使用 TensorFlow 解决前几章的一些问题，本章涉及的主要内容如下：

- TensorFlow 简介。
- TensorFlow 安装。
- 适合 Windows 用户的 TensorFlow。
- 用 TensorFlow 编写"Hello World"。
- 导入 MNIST 数据集。
- 计算图。
- 张量处理单元。
- 用 TensorFlow 进行入侵检测。
- 实现 Tensor Flow 编码。

9.1 TensorFlow 简介

TensorFlow 是用 C++ 编写而成的，其前端包含两种语言：C++ 和 Python。由于大多数开发人员使用 Python 编写代码，因此前端更多是用 Python 编写的。但是，C++ 前端的底层 API 适用于嵌入式系统。

TensorFlow 可用于概率系统，为用户提供运行模型的灵活性，并且适用于各种平台。TensorFlow 无须在代码开头设置"gradients"就可以非常轻松地优化各种机器学习算法。

TensorFlow 中的 TensorBoard 能使用图形和损失函数对流程进行可视化。图 9-1 展示了 TensorFlow 网站。

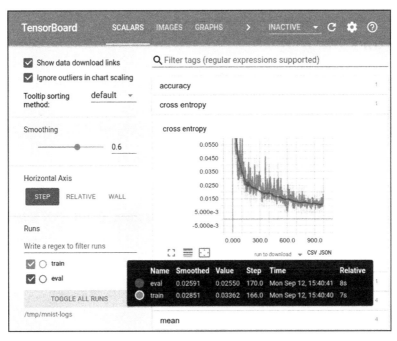

图　9-1

TensorFlow 可以非常轻松地部署和构建解决实际人工智能问题的行业用例，由于它借助于分布式计算，因此可以处理大量数据。与其他软件包不同，TensorFlow 可以在分布式设备和本地运行相同的代码，还可以轻松地部署到 Google Cloud Platform 或 Amazon Web Services 上。

TensorFlow 提供定义张量和隐式计算导数上的函数的原语。这里的张量是多重线性映射，将向量空间映射到实数，我们可以称它为多维数组，使标量、向量和矩阵都成为张量。因此，TensorFlow 在很多方面类似于提供 N 维库的 NumPy 包。但它们是不同的，因为 NumPy 没有张量，且不提供 GPU 计算功能。

还有一些相对不那么流行的软件包在功能方面与 TensorFlow 几乎相同，如下所示：

- Torch
- Caffe

- Theano（Keras 和 Lasagne）
- CuDNN
- Mxnet

9.2　TensorFlow 安装

TensorFlow 的安装简单、容易，通过 pip 语句就可以实现，如果只是想了解其功能，则可以运行以下代码：

```
$ pip install tensorflow
```

要在 conda 环境中安装 TensorFlow，请运行以下命令：

```
conda install -n tensorflow spyder
```

TensorFlow 会覆盖已安装的 Python，因此如果 Python 正在用于其他进程，则可能导致该进程无法运行。在这种情况下，建议检查相应的依赖关系或在虚拟环境中安装 TensorFlow。

下面我们将在虚拟环境中安装 TensorFlow。首先安装 virtualenv，如下所示：

```
$ pip install virtualenv
```

virtualenv 使我们能够在系统中拥有一个虚拟环境。我们在虚拟系统中创建一个名为 tf 的文件夹，并在其中安装 TensorFlow，如下所示：

```
$ cd ~
$ mkdir tf
$ virtualenv ~/tf/tensorflow
```

使用以下命令激活 TensorFlow 环境：

```
$ source ~/tf/tensorflow/bin/activate
```

在该环境中安装 TensorFlow：

```
(tensorflow)$ pip install tensorflow
```

TensorFlow 将与所需的依赖包一起安装。要退出 TensorFlow 环境，请运行以下命令：

```
(tensorflow)$ deactivate
```

执行以下命令可以返回到常规窗口：

```
$
```

9.3　适合 Windows 用户的 TensorFlow

TensorFlow0.12 以上版本都可以在 Windows 系统中安装：

```
pip install tensorflow
```

执行以下操作以安装 GPU 版本（CUDA 8）：

```
pip install tensorflow-gpu
```

9.4　用 TensorFlow 实现"Hello World"

首先导入 TensorFlow 包并加载字符串，然后打印"Hello World"：

```
#package Import
import tensorflow as tensorF

hello = tensorF.constant("Hello")

world = tensorF.constant(" World!")

helloworld=hello+world

with tensorF.Session() as sess:
    answer = sess.run(helloworld)
print (answer)
```

上面的代码是 TensorFlow 代码的最基本形式，接下来我们将讨论前一章的示例。

9.5　导入 MNIST 数据集

MNSIT 数据集是手写数字图像的数据库，包含 60 000 个训练样本和 10 000 个测试样本：

```
from tensorflow.examples.tutorials.mnist import input_data

 mnist = input_data.read_data_sets("MNIST_data/", one_hot=True)
```

从 MNIST 加载图像数据库：

```
import matplotlib.pyplot as plt

im = mnist.train.images[0,:]

label = mnist.train.labels[0,:]

im = im.reshape([28,28])
```

为了解决该案例，我们构建一个一层的全连接前馈神经网络。

9.6 计算图

在 TensorFlow 中，计算操作是相互依赖和彼此交互的，计算图有助于跟踪这些依赖关系，从而帮助我们理解复杂的功能体系结构。

什么是计算图

TensorFlow 图中的每个节点代表一个操作过程的符号表示，当数据到达流程中的特定节点时，与节点相关联的操作被执行，该过程的输出则是下一节点的输入，如图 9-2 所示。图计算的主要好处是它有助于优化计算。

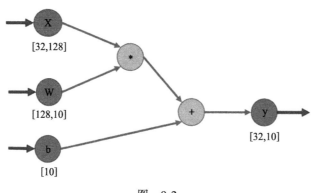

图   9-2

9.7 张量处理单元

张量处理单元（TPU）是专为 TensorFlow 设计的带有集成电路的硬件芯片，可以增强其机器学习能力。TPU 由 Google 设计，提供加速的人工智能功能并具有高吞吐量，已成功应用于数据中心，可以在 Google Cloud Platform 的 Beta 版本中获得它。

9.8 使用 TensorFlow 进行入侵检测

我们再次以入侵检测问题为例。首先导入 pandas，代码如下：

```
import pandas as pd
```

从 http://icsdweb.aegean.gr/awid/features.html 的数据集中获取特征名。我们将包含如下所示的特征代码：

```
features = ['frame.interface_id',
 'frame.dlt',
 'frame.offset_shift',
 'frame.time_epoch',
 'frame.time_delta',
 'frame.time_delta_displayed',
 'frame.time_relative',
 'frame.len',
 'frame.cap_len',
 'frame.marked',
 'frame.ignored',
 'radiotap.version',
 'radiotap.pad',
 'radiotap.length',
 'radiotap.present.tsft',
 'radiotap.present.flags',
 'radiotap.present.rate',
 'radiotap.present.channel',
 'radiotap.present.fhss',
 'radiotap.present.dbm_antsignal',
...
```

上述列表包含 AWID 数据集中的 155 个特征。我们导入训练集并查看行数和列数：

```
awid = pd.read_csv("../data/AWID-CLS-R-Trn.csv", header=None,
names=features)

# see the number of rows/columns
awid.shape
```

可以忽略这个警告：

```
/Users/sinanozdemir/Desktop/cyber/env/lib/python2.7/site-
packages/IPython/core/interactiveshell.py:2714: DtypeWarning: Columns
(37,38,39,40,41,42,43,44,45,47,48,49,50,51,52,53,54,55,56,57,58,59,60,61,62
,74,88) have mixed types. Specify dtype option on import or set
low_memory=False.
  interactivity=interactivity, compiler=compiler, result=result)
```

维度的输出是包含 155 个特征的数据集中所有训练数据的列表：

```
(1795575, 155)
```

需要替换 None 值：

```
# they use ? as a null attribute.
awid.head()
```

上述代码将生成一个 5 行 ×155 列的表作为输出。

我们看到响应变量的分布如下：

```
awid['class'].value_counts(normalize=True)
```

```
normal 0.909564
injection 0.036411
impersonation 0.027023
flooding 0.027002
Name: class, dtype: float64
```

检查空值：

```
# claims there are no null values because of the ?'s'
awid.isna().sum()
```

输出如下所示：

```
frame.interface_id 0
frame.dlt 1795575
frame.offset_shift 0
frame.time_epoch 0
frame.time_delta 0
frame.time_delta_displayed 0
frame.time_relative 0
frame.len 0
frame.cap_len 0
frame.marked 0
frame.ignored 0
radiotap.version 0
radiotap.pad 0
radiotap.length 0
radiotap.present.tsft 0
radiotap.present.flags 0
radiotap.present.rate 0
radiotap.present.channel 0
radiotap.present.fhss 0
radiotap.present.dbm_antsignal 0
radiotap.present.dbm_antnoise 0
radiotap.present.lock_quality 0
radiotap.present.tx_attenuation 0
radiotap.present.db_tx_attenuation 0
radiotap.present.dbm_tx_power 0
radiotap.present.antenna 0
radiotap.present.db_antsignal 0
radiotap.present.db_antnoise 0
radiotap.present.rxflags 0
radiotap.present.xchannel 0

                                    ...

wlan_mgt.rsn.version 1718631
wlan_mgt.rsn.gcs.type 1718631
wlan_mgt.rsn.pcs.count 1718631
wlan_mgt.rsn.akms.count 1718633
```

```
wlan_mgt.rsn.akms.type 1718651
wlan_mgt.rsn.capabilities.preauth 1718633
wlan_mgt.rsn.capabilities.no_pairwise 1718633
wlan_mgt.rsn.capabilities.ptksa_replay_counter 1718633
wlan_mgt.rsn.capabilities.gtksa_replay_counter 1718633
wlan_mgt.rsn.capabilities.mfpr 1718633
wlan_mgt.rsn.capabilities.mfpc 1718633
wlan_mgt.rsn.capabilities.peerkey 1718633
wlan_mgt.tcprep.trsmt_pow 1795536
wlan_mgt.tcprep.link_mrg 1795536
wlan.wep.iv 944820
wlan.wep.key 909831
wlan.wep.icv 944820
wlan.tkip.extiv 1763655
wlan.ccmp.extiv 1792506
wlan.qos.tid 1133234
wlan.qos.priority 1133234
wlan.qos.eosp 1279874
wlan.qos.ack 1133234
wlan.qos.amsdupresent 1134226
wlan.qos.buf_state_indicated 1795575
wlan.qos.bit4 1648935
wlan.qos.txop_dur_req 1648935
wlan.qos.buf_state_indicated.1 1279874
data.len 903021
class 0
Length: 155, dtype: int64
```

用 None 替换所有？标记：

```
# replace the ? marks with None
awid.replace({"?": None}, inplace=True)
```

如下代码将展示大量缺失的数据：

```
# Many missing pieces of data!
awid.isna().sum()
```

输出如下：

```
frame.interface_id 0
frame.dlt 1795575
frame.offset_shift 0
frame.time_epoch 0
frame.time_delta 0
frame.time_delta_displayed 0
frame.time_relative 0
frame.len 0
frame.cap_len 0
frame.marked 0
frame.ignored 0
radiotap.version 0
radiotap.pad 0
radiotap.length 0
radiotap.present.tsft 0
```

```
radiotap.present.flags 0
radiotap.present.rate 0
radiotap.present.channel 0
radiotap.present.fhss 0
radiotap.present.dbm_antsignal 0
radiotap.present.dbm_antnoise 0
radiotap.present.lock_quality 0
radiotap.present.tx_attenuation 0
radiotap.present.db_tx_attenuation 0
radiotap.present.dbm_tx_power 0
radiotap.present.antenna 0
radiotap.present.db_antsignal 0
radiotap.present.db_antnoise 0
radiotap.present.rxflags 0
radiotap.present.xchannel 0
                                              ...
wlan_mgt.rsn.version 1718631
wlan_mgt.rsn.gcs.type 1718631
wlan_mgt.rsn.pcs.count 1718631
wlan_mgt.rsn.akms.count 1718633
wlan_mgt.rsn.akms.type 1718651
wlan_mgt.rsn.capabilities.preauth 1718633
wlan_mgt.rsn.capabilities.no_pairwise 1718633
wlan_mgt.rsn.capabilities.ptksa_replay_counter 1718633
wlan_mgt.rsn.capabilities.gtksa_replay_counter 1718633
wlan_mgt.rsn.capabilities.mfpr 1718633
wlan_mgt.rsn.capabilities.mfpc 1718633
wlan_mgt.rsn.capabilities.peerkey 1718633
wlan_mgt.tcprep.trsmt_pow 1795536
wlan_mgt.tcprep.link_mrg 1795536
wlan.wep.iv 944820
wlan.wep.key 909831
wlan.wep.icv 944820
wlan.tkip.extiv 1763655
wlan.ccmp.extiv 1792506
wlan.qos.tid 1133234
wlan.qos.priority 1133234
wlan.qos.eosp 1279874
wlan.qos.ack 1133234
wlan.qos.amsdupresent 1134226
wlan.qos.buf_state_indicated 1795575
wlan.qos.bit4 1648935
wlan.qos.txop_dur_req 1648935
wlan.qos.buf_state_indicated.1 1279874
data.len 903021
```

这里，我们检查缺失了超过 50% 的数据的列：

```
columns_with_mostly_null_data = awid.columns[awid.isnull().mean() >= 0.5]

# 72 columns are going to be affected!
columns_with_mostly_null_data.shape

Out[11]:
(72,)
```

删除这些列：

```
awid.drop(columns_with_mostly_null_data, axis=1, inplace=True)
```

输出如下：

```
awid.shape
```

```
(1795575, 83)
```

现在，删除具有缺失值的行：

```
#
awid.dropna(inplace=True)   # drop rows with null data
```

共删除了 456 169 行：

```
awid.shape
```

```
(1339406, 83)
```

但是，这并没有对我们的分布造成太大影响：

```
# 0.878763 is our null accuracy. Our model must be better than this number
to be a contender
```

```
awid['class'].value_counts(normalize=True)
```

```
normal 0.878763
injection 0.048812
impersonation 0.036227
flooding 0.036198
Name: class, dtype: float64
```

我们只为我们的机器学习算法选择数值列，但应该还有更多：

```
awid.select_dtypes(['number']).shape
```

```
(1339406, 45)
```

将所有列转换为数值 dtypes：

```
for col in awid.columns:
    awid[col] = pd.to_numeric(awid[col], errors='ignore')
```

```
# that makes more sense
awid.select_dtypes(['number']).shape
```

输出如下：

```
Out[19]:
```

```
(1339406, 74)
```

得出基本的描述统计：

```
awid.describe()
```

通过执行前面的代码得到一个8行 × 74列的表：

```
X, y = awid.select_dtypes(['number']), awid['class']
```

创建一个基本朴素贝叶斯拟合，针对数据拟合模型：

```
from sklearn.naive_bayes import GaussianNB

nb = GaussianNB()

nb.fit(X, y)
```

执行高斯朴素贝叶斯，如下所示：

```
GaussianNB(priors=None, var_smoothing=1e-09)
```

读入测试数据并对其进行相同的转换，以匹配训练数据：

```
awid_test = pd.read_csv("../data/AWID-CLS-R-Tst.csv", header=None,
names=features)

# drop the problematic columns
awid_test.drop(columns_with_mostly_null_data, axis=1, inplace=True)

# replace ? with None
awid_test.replace({"?": None}, inplace=True)

# drop the rows with null data
awid_test.dropna(inplace=True) # drop rows with null data

# convert columns to numerical values
for col in awid_test.columns:
    awid_test[col] = pd.to_numeric(awid_test[col], errors='ignore')
awid_test.shape
```

输出如下：

```
Out[23]:

(389185, 83)
```

计算基本指标和准确率：

```
from sklearn.metrics import accuracy_score
```

利用测试数据，我们定义了一个简单的函数来测试拟合训练数据的模型的准确率：

```
X_test = awid_test.select_dtypes(['number'])
y_test = awid_test['class']

def get_test_accuracy_of(model):
    y_preds = model.predict(X_test)
```

```
    return accuracy_score(y_preds, y_test)
# naive bayes does very poorly on its own!
get_test_accuracy_of(nb)
```

输出如下：

```
Out[25]:
```

```
0.26535452291326744
```

执行逻辑回归，但得到的结果更差：

```
from sklearn.linear_model import LogisticRegression

lr = LogisticRegression()

lr.fit(X, y)

# Logistic Regressions does even worse
get_test_accuracy_of(lr)
```

可以忽略这个警告：

```
/Users/sinanozdemir/Desktop/cyber/env/lib/python2.7/site-
packages/sklearn/linear_model/logistic.py:432: FutureWarning: Default
solver will be changed to 'lbfgs' in 0.22. Specify a solver to silence this
warning.
  FutureWarning)
/Users/sinanozdemir/Desktop/cyber/env/lib/python2.7/site-
packages/sklearn/linear_model/logistic.py:459: FutureWarning: Default
multi_class will be changed to 'auto' in 0.22. Specify the multi_class
option to silence this warning.
  "this warning.", FutureWarning)
```

输出如下：

```
Out[26]:
```

```
0.015773989233911892
```

使用 DecisionTreeClassifier 进行测试，如下所示：

```
from sklearn.tree import DecisionTreeClassifier

tree = DecisionTreeClassifier()

tree.fit(X, y)

# Tree does very well!
get_test_accuracy_of(tree)
```

输出如下：

```
Out[27]:
```

```
0.9280830453383352
```

测试决策树特征的基尼分数，如下所示：

```
pd.DataFrame({'feature':awid.select_dtypes(['number']).columns,
'importance':tree.feature_importances_}).sort_values('importance',
ascending=False).head(10)
```

前面代码的输出如表 9-1 所示。

表　9-1

	特征	重要性
7	frame.cap_len	0.222 489
4	frame.time_delta_displayed	0.221 133
68	wlan.fc.protected	0.146 001
70	wlan.duration	0.127 674
5	frame.time_relative	0.077 353
6	frame.len	0.067 667
62	wlan.fc.type	0.039 926
72	wlan.seq	0.027 947
65	wlan.fc.retry	0.019 839
58	radiotap.dbm_antsignal	0.014 197

导入 RandomForestClassifier，如下所示：

```
from sklearn.ensemble import RandomForestClassifier

forest = RandomForestClassifier()

forest.fit(X, y)

# Random Forest does slightly worse
get_test_accuracy_of(forest)
```

可以忽略这个警告：

```
/Users/sinanozdemir/Desktop/cyber/env/lib/python2.7/site-
packages/sklearn/ensemble/forest.py:248: FutureWarning: The default value
of n_estimators will change from 10 in version 0.20 to 100 in 0.22.
  "10 in version 0.20 to 100 in 0.22.", FutureWarning)
```

输出如下：

```
Out[29]:

0.9357349332579622
```

创建一个管道来对数据进行标准化，然后将得到的数据输入决策树：

```
from sklearn.pipeline import Pipeline
from sklearn.preprocessing import StandardScaler
from sklearn.model_selection import GridSearchCV

preprocessing = Pipeline([
    ("scale", StandardScaler()),
])

pipeline = Pipeline([
    ("preprocessing", preprocessing),
    ("classifier", DecisionTreeClassifier())
])

# try varying levels of depth
params = {
    "classifier__max_depth": [None, 3, 5, 10],
        }

# instantiate a gridsearch module
grid = GridSearchCV(pipeline, params)
# fit the module
grid.fit(X, y)

# test the best model
get_test_accuracy_of(grid.best_estimator_)
```

可以忽略这个警告：

```
/Users/sinanozdemir/Desktop/cyber/env/lib/python2.7/site-
packages/sklearn/model_selection/_split.py:1943: FutureWarning: You should
specify a value for 'cv' instead of relying on the default value. The
default value will change from 3 to 5 in version 0.22.
  warnings.warn(CV_WARNING, FutureWarning)
/Users/sinanozdemir/Desktop/cyber/env/lib/python2.7/site-
packages/sklearn/preprocessing/data.py:617: DataConversionWarning: Data
with input dtype int64, float64 were all converted to float64 by
StandardScaler.
  return self.partial_fit(X, y)
/Users/sinanozdemir/Desktop/cyber/env/lib/python2.7/site-
packages/sklearn/base.py:465: DataConversionWarning: Data with input dtype
int64, float64 were all converted to float64 by StandardScaler.
  return self.fit(X, y, **fit_params).transform(X)
/Users/sinanozdemir/Desktop/cyber/env/lib/python2.7/site-
packages/sklearn/pipeline.py:451: DataConversionWarning: Data with input
dtype int64, float64 were all converted to float64 by StandardScaler.
  Xt = transform.transform(Xt)
```

输出如下：

```
Out[30]:
```

0.926258720145946

我们用随机森林进行相同的操作：

```
preprocessing = Pipeline([
    ("scale", StandardScaler()),
])

pipeline = Pipeline([
    ("preprocessing", preprocessing),
    ("classifier", RandomForestClassifier())
])

# try varying levels of depth
params = {
    "classifier__max_depth": [None, 3, 5, 10],
        }

grid = GridSearchCV(pipeline, params)
grid.fit(X, y)
# best accuracy so far!
get_test_accuracy_of(grid.best_estimator_)
```

输出如下：

```
Out[31]:

0.8893431144571348
```

导入 LabelEncoder：

```
from sklearn.preprocessing import LabelEncoder
encoder = LabelEncoder()
encoded_y = encoder.fit_transform(y)
encoded_y.shape
```

输出如下：

```
Out[119]:

(1339406,)

encoded_y

Out[121]:

array([3, 3, 3, ..., 3, 3, 3])
```

导入 LabelBinarizer：

```
from sklearn.preprocessing import LabelBinarizer
binarizer = LabelBinarizer()
binarized_y = binarizer.fit_transform(encoded_y)
binarized_y.shape
```

我们将得到以下输出：

```
(1339406, 4)
```

现在，执行以下代码：

```
binarized_y[:5,]
```

输出如下：

```
array([[0, 0, 0, 1],
       [0, 0, 0, 1],
       [0, 0, 0, 1],
       [0, 0, 0, 1],
       [0, 0, 0, 1]])
```

运行 `y.head()` 命令：

```
y.head()
```

输出如下：

```
0     normal
1     normal
2     normal
3     normal
4     normal
Name: class, dtype: object
```

运行以下代码：

```
print encoder.classes_
print binarizer.classes_
```

输出如下：

```
['flooding' 'impersonation' 'injection' 'normal']
[0 1 2 3]
```

导入以下包：

```
from keras.models import Sequential
from keras.layers import Dense
from keras.wrappers.scikit_learn import KerasClassifier
```

接下来为神经网络建立基线模型，选择一个包含 10 个神经元的隐藏层。神经元的数量较少有助于消除数据中的冗余并选择最重要的特征：

```
def create_baseline_model(n, input_dim):
    # create model
    model = Sequential()
    model.add(Dense(n, input_dim=input_dim, kernel_initializer='normal',
activation='relu'))
    model.add(Dense(4, kernel_initializer='normal', activation='sigmoid'))
    # Compile model. We use the the logarithmic loss function, and the Adam
gradient optimizer.
    model.compile(loss='categorical_crossentropy', optimizer='adam',
```

```
metrics=['accuracy'])
    return model

KerasClassifier(build_fn=create_baseline_model, epochs=100, batch_size=5,
verbose=0, n=20)
```

输出如下：

```
<keras.wrappers.scikit_learn.KerasClassifier at 0x149c1c210>
```

运行以下代码：

```
# use the KerasClassifier

preprocessing = Pipeline([
    ("scale", StandardScaler()),
])

pipeline = Pipeline([
    ("preprocessing", preprocessing),
    ("classifier", KerasClassifier(build_fn=create_baseline_model,
epochs=2, batch_size=128,
                                    verbose=1, n=10, input_dim=74))
])

cross_val_score(pipeline, X, binarized_y)
```

轮次长度如下：

```
Epoch 1/2
892937/892937 [==============================] - 21s 24us/step - loss:
0.1027 - acc: 0.9683
Epoch 2/2
892937/892937 [==============================] - 18s 20us/step - loss:
0.0314 - acc: 0.9910
446469/446469 [==============================] - 4s 10us/step
Epoch 1/2
892937/892937 [==============================] - 24s 27us/step - loss:
0.1089 - acc: 0.9682
Epoch 2/2
892937/892937 [==============================] - 19s 22us/step - loss:
0.0305 - acc: 0.9919 0s - loss: 0.0
446469/446469 [==============================] - 4s 9us/step
Epoch 1/2
892938/892938 [==============================] - 18s 20us/step - loss:
0.0619 - acc: 0.9815
Epoch 2/2
892938/892938 [==============================] - 17s 20us/step - loss:
0.0153 - acc: 0.9916
446468/446468 [==============================] - 4s 9us/step
```

前述代码的输出如下：

```
array([0.97450887, 0.99176875, 0.74421683])

# notice the LARGE variance in scores of a neural network. This is due to
the high-variance nature of how networks fit
# using stochastic gradient descent

pipeline.fit(X, binarized_y)

Epoch 1/2
1339406/1339406 [==============================] - 29s 22us/step - loss:
0.0781 - acc: 0.9740
Epoch 2/2
1339406/1339406 [==============================] - 25s 19us/step - loss:
0.0298 - acc: 0.9856
```

将下面的代码作为输入：

```
Pipeline(memory=None,
     steps=[('preprocessing', Pipeline(memory=None,
     steps=[('scale', StandardScaler(copy=True, with_mean=True,
with_std=True))])), ('classifier',
<keras.wrappers.scikit_learn.KerasClassifier object at 0x149c1c350>)])
```

执行以下代码：

```
# remake
encoded_y_test = encoder.transform(y_test)
def get_network_test_accuracy_of(model):
    y_preds = model.predict(X_test)
    return accuracy_score(y_preds, encoded_y_test)

# not the best accuracy

get_network_test_accuracy_of(pipeline)

389185/389185 [==============================] - 3s 7us/step
```

输出如下：

```
0.889327697624523
```

通过再次拟合，我们获得了不同的测试准确率，这也突出了网络的差异：

```
#
pipeline.fit(X, binarized_y)
get_network_test_accuracy_of(pipeline)

Epoch 1/2
1339406/1339406 [==============================] - 29s 21us/step - loss:
0.0844 - acc: 0.9735 0s - loss: 0.085
Epoch 2/2
1339406/1339406 [==============================] - 32s 24us/step - loss:
0.0323 - acc: 0.9853 0s - loss: 0.0323 - acc: 0
389185/389185 [==============================] - 4s 11us/step
```

输出如下:

```
0.8742526048023433
```

执行多次迭代以获得更好的结果:

```
preprocessing = Pipeline([
    ("scale", StandardScaler()),
])

pipeline = Pipeline([
    ("preprocessing", preprocessing),
    ("classifier", KerasClassifier(build_fn=create_baseline_model,
epochs=10, batch_size=128,
                                verbose=1, n=10, input_dim=74))
])

cross_val_score(pipeline, X, binarized_y)
```

得到以下输出:

```
Epoch 1/10
892937/892937 [==============================] - 20s 22us/step - loss:
0.0945 - acc: 0.9744
Epoch 2/10
892937/892937 [==============================] - 17s 19us/step - loss:
0.0349 - acc: 0.9906
Epoch 3/10
892937/892937 [==============================] - 16s 18us/step - loss:
0.0293 - acc: 0.9920
Epoch 4/10
892937/892937 [==============================] - 17s 20us/step - loss:
0.0261 - acc: 0.9932
Epoch 5/10
892937/892937 [==============================] - 18s 20us/step - loss:
0.0231 - acc: 0.9938 0s - loss: 0.0232 - ac
Epoch 6/10
892937/892937 [==============================] - 15s 17us/step - loss:
0.0216 - acc: 0.9941
Epoch 7/10
892937/892937 [==============================] - 21s 23us/step - loss:
0.0206 - acc: 0.9944
Epoch 8/10
892937/892937 [==============================] - 17s 20us/step - loss:
0.0199 - acc: 0.9947 0s - loss: 0.0198 - a
Epoch 9/10
892937/892937 [==============================] - 17s 19us/step - loss:
0.0194 - acc: 0.9948
Epoch 10/10
892937/892937 [==============================] - 17s 19us/step - loss:
0.0189 - acc: 0.9950
446469/446469 [==============================] - 4s 10us/step
Epoch 1/10
892937/892937 [==============================] - 19s 21us/step - loss:
```

```
0.1160 - acc: 0.9618
...

Out[174]:

array([0.97399595, 0.9939951 , 0.74381591])
```

通过再次拟合，我们又获得了不同的测试准确率，突出了网络的差异：

```
pipeline.fit(X, binarized_y)
get_network_test_accuracy_of(pipeline)

Epoch 1/10
1339406/1339406 [==============================] - 30s 22us/step - loss:
0.0812 - acc: 0.9754
Epoch 2/10
1339406/1339406 [==============================] - 27s 20us/step - loss:
0.0280 - acc: 0.9915
Epoch 3/10
1339406/1339406 [==============================] - 28s 21us/step - loss:
0.0226 - acc: 0.9921
Epoch 4/10
1339406/1339406 [==============================] - 27s 20us/step - loss:
0.0193 - acc: 0.9940
Epoch 5/10
1339406/1339406 [==============================] - 28s 21us/step - loss:
0.0169 - acc: 0.9951
Epoch 6/10
1339406/1339406 [==============================] - 34s 25us/step - loss:
0.0155 - acc: 0.9955
Epoch 7/10
1339406/1339406 [==============================] - 38s 28us/step - loss:
0.0148 - acc: 0.9957
Epoch 8/10
1339406/1339406 [==============================] - 34s 25us/step - loss:
0.0143 - acc: 0.9958 3s -
Epoch 9/10
1339406/1339406 [==============================] - 29s 21us/step - loss:
0.0139 - acc: 0.9960
Epoch 10/10
1339406/1339406 [==============================] - 28s 21us/step - loss:
0.0134 - acc: 0.9961
389185/389185 [==============================] - 3s 8us/step
```

前述代码的输出如下：

```
0.8725027943009109
```

这花费了更长的时间，但仍然没有提高准确率，因此我们修改函数以在网络中添加
更多的隐藏层：

```
def network_builder(hidden_dimensions, input_dim):
    # create model
    model = Sequential()
```

```
    model.add(Dense(hidden_dimensions[0], input_dim=input_dim,
kernel_initializer='normal', activation='relu'))

    # add multiple hidden layers
    for dimension in hidden_dimensions[1:]:
        model.add(Dense(dimension, kernel_initializer='normal',
activation='relu'))
    model.add(Dense(4, kernel_initializer='normal', activation='sigmoid'))

    # Compile model. We use the the logarithmic loss function, and the Adam
gradient optimizer.
    model.compile(loss='categorical_crossentropy', optimizer='adam',
metrics=['accuracy'])
    return model
```

添加更多隐藏层以获得更好的结果：

```
#
preprocessing = Pipeline([
    ("scale", StandardScaler()),
])

pipeline = Pipeline([
    ("preprocessing", preprocessing),
    ("classifier", KerasClassifier(build_fn=network_builder, epochs=10,
batch_size=128,
                                    verbose=1, hidden_dimensions=(60,30,10),
input_dim=74))
])

cross_val_score(pipeline, X, binarized_y)
```

得到以下输出：

```
Epoch 1/10
892937/892937 [==============================] - 24s 26us/step - loss:
0.0457 - acc: 0.9860
Epoch 2/10
892937/892937 [==============================] - 21s 24us/step - loss:
0.0113 - acc: 0.9967
Epoch 3/10
892937/892937 [==============================] - 21s 23us/step - loss:
0.0079 - acc: 0.9977
Epoch 4/10
892937/892937 [==============================] - 26s 29us/step - loss:
0.0066 - acc: 0.9982
Epoch 5/10
892937/892937 [==============================] - 24s 27us/step - loss:
0.0061 - acc: 0.9983
Epoch 6/10
892937/892937 [==============================] - 25s 28us/step - loss:
0.0057 - acc: 0.9984
Epoch 7/10
892937/892937 [==============================] - 24s 27us/step - loss:
```

```
0.0051 - acc: 0.9985
Epoch 8/10
892937/892937 [==============================] - 24s 27us/step - loss:
0.0050 - acc: 0.9986
Epoch 9/10
892937/892937 [==============================] - 25s 28us/step - loss:
0.0046 - acc: 0.9986
Epoch 10/10
892937/892937 [==============================] - 23s 26us/step - loss:
0.0044 - acc: 0.9987
446469/446469 [==============================] - 6s 12us/step
Epoch 1/10
892937/892937 [==============================] - 27s 30us/step - loss:
0.0538 - acc: 0.9826
```

对于 `binarized_y`，输出如下：

```
pipeline.fit(X, binarized_y)
get_network_test_accuracy_of(pipeline)
```

每个轮次的输出如下：

```
Epoch 1/10
1339406/1339406 [==============================] - 31s 23us/step - loss:
0.0422 - acc: 0.9865
Epoch 2/10
1339406/1339406 [==============================] - 28s 21us/step - loss:
0.0095 - acc: 0.9973
Epoch 3/10
1339406/1339406 [==============================] - 29s 22us/step - loss:
0.0068 - acc: 0.9981
Epoch 4/10
1339406/1339406 [==============================] - 28s 21us/step - loss:
0.0056 - acc: 0.9984
Epoch 5/10
1339406/1339406 [==============================] - 29s 21us/step - loss:
0.0051 - acc: 0.9986
Epoch 6/10
1339406/1339406 [==============================] - 28s 21us/step - loss:
0.0047 - acc: 0.9987
Epoch 7/10
1339406/1339406 [==============================] - 30s 22us/step - loss:
0.0041 - acc: 0.9988 0s - loss: 0.0041 - acc: 0.99 - ETA: 0s - loss: 0.0041
- acc: 0.998 - ETA: 0s - loss: 0.0041 - acc: 0
Epoch 8/10
1339406/1339406 [==============================] - 29s 22us/step - loss:
0.0039 - acc: 0.9989
Epoch 9/10
1339406/1339406 [==============================] - 29s 22us/step - loss:
0.0039 - acc: 0.9989
Epoch 10/10
1339406/1339406 [==============================] - 28s 21us/step - loss:
0.0036 - acc: 0.9990 0s - loss: 0.0036 - acc:
389185/389185 [==============================] - 3s 9us/step
...
```

```
Out[179]
```

```
0.8897876331307732
```

通过增加隐藏层，准确率得到了一定的提升。因此我们继续添加隐藏层以获得更好的结果：

```
preprocessing = Pipeline([
    ("scale", StandardScaler()),
])

pipeline = Pipeline([
    ("preprocessing", preprocessing),
    ("classifier", KerasClassifier(build_fn=network_builder, epochs=10,
batch_size=128,
                                            verbose=1,
hidden_dimensions=(30,30,30,10), input_dim=74))
])

cross_val_score(pipeline, X, binarized_y)
```

每个轮次的输出如下所示：

```
Epoch 1/10
892937/892937 [==============================] - 25s 28us/step - loss:
0.0671 - acc: 0.9709
Epoch 2/10
892937/892937 [==============================] - 21s 23us/step - loss:
0.0139 - acc: 0.9963
Epoch 3/10
892937/892937 [==============================] - 20s 22us/step - loss:
0.0100 - acc: 0.9973
Epoch 4/10
892937/892937 [==============================] - 25s 28us/step - loss:
0.0087 - acc: 0.9977
Epoch 5/10
892937/892937 [==============================] - 21s 24us/step - loss:
0.0078 - acc: 0.9979
Epoch 6/10
892937/892937 [==============================] - 21s 24us/step - loss:
0.0072 - acc: 0.9981
Epoch 7/10
892937/892937 [==============================] - 24s 27us/step - loss:
0.0069 - acc: 0.9982
Epoch 8/10
892937/892937 [==============================] - 24s 27us/step - loss:
0.0064 - acc: 0.9984
...
```

最终输出如下：

```
array([0.97447527, 0.99417877, 0.74292446])
```

执行 pipeline.fit()，如下所示：

```
pipeline.fit(X, binarized_y)
get_network_test_accuracy_of(pipeline)

Epoch 1/10
1339406/1339406 [==============================] - 48s 36us/step - loss:
0.0666 - acc: 0.9548
Epoch 2/10
1339406/1339406 [==============================] - 108s 81us/step - loss:
0.0346 - acc: 0.9663
Epoch 3/10
1339406/1339406 [==============================] - 78s 59us/step - loss:
0.0261 - acc: 0.9732
Epoch 4/10
1339406/1339406 [==============================] - 102s 76us/step - loss:
0.0075 - acc: 0.9980
Epoch 5/10
1339406/1339406 [==============================] - 71s 53us/step - loss:
0.0066 - acc: 0.9983
Epoch 6/10
1339406/1339406 [==============================] - 111s 83us/step - loss:
0.0059 - acc: 0.9985
Epoch 7/10
1339406/1339406 [==============================] - 98s 73us/step - loss:
0.0055 - acc: 0.9986
Epoch 8/10
1339406/1339406 [==============================] - 93s 70us/step - loss:
0.0052 - acc: 0.9987
Epoch 9/10
1339406/1339406 [==============================] - 88s 66us/step - loss:
0.0051 - acc: 0.9988
Epoch 10/10
1339406/1339406 [==============================] - 87s 65us/step - loss:
0.0049 - acc: 0.9988
389185/389185 [==============================] - 16s 41us/step
```

执行前面的代码，得到以下输出：

```
0.8899315235684828
```

到目前为止，使用深度学习可以产生较好的结果，然而，深度学习不是所有数据集的最佳选择。

9.9　总结

在本章，我们首先介绍了 TensorFlow，并介绍了如何安装 TensorFlow 和导入 MNIST 数据集，然后介绍了各种计算图和张量处理单元，最后介绍了如何使用 TensorFlow 实现入侵检测。

在下一章，我们将研究金融诈骗以及如何通过深度学习减少金融诈骗。

第 10 章

深度学习如何减少金融诈骗

金融诈骗是银行和金融机构遭受经济损失的主要原因之一。基于规则的诈骗检测系统无法检测 APT（高级持续性威胁），因为这种威胁采用绕过检测规则的技术手段。基于签名的传统方法可以判定诈骗性交易，如贷款违约预测，信用卡诈骗，空头支票诈骗或空 ATM 信封存款。

在本章，我们将了解如何通过机器学习捕获诈骗性交易。本章包含以下主要内容：

- 利用机器学习检测诈骗。
- 非均衡数据。
- 处理非均衡数据集。
- 检测信用卡诈骗。
- 使用逻辑回归检测诈骗。
- 分析检测诈骗的最佳方法。
- 调整超参数以获得最佳模型。

10.1 利用机器学习检测金融诈骗

机器学习可以根据历史数据标记或预测诈骗，检测诈骗的最常用方法是分类。对于分类问题，将一组数据映射到各自归属的类别子集，如图 10-1 所示。训练集可以帮助确定数据集属于哪个子集，这些子集通常称为类：

在识别诈骗交易的情况下，合法和非合法交易的分类由以下参数确定：

- 交易金额。

- 进行交易的商家。
- 交易地点。
- 交易时间。
- 面对面交易还是在线交易。

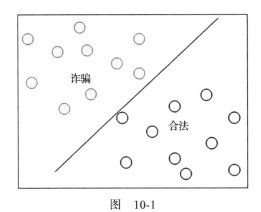

图　10-1

10.1.1　非均衡数据

分类通常要解决一个主要问题：一个类有大量数据，而另一个类的数据很少，如图 10-2 所示。金融诈骗案例中我们就会面临这类问题，因为与合法交易的数量相比，每天发生的诈骗交易的数量要少得多。由于缺乏准确数据，金融诈骗的数据集往往存在偏差。

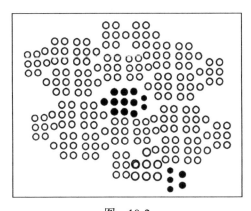

图　10-2

10.1.2 处理非均衡数据集

处理非均衡数据集的方法有许多种，这些方法的主要目标是降低大类样本出现的频率或提高小类样本出现的频率。这里，我们将列出一些处理非均衡数据集的方法。

10.1.2.1 随机欠采样方法

随机欠采样方法从大类中随机抽取样本，直到数据达到平衡。虽然这种方法对存储性能很友好，但随着数据的减少，许多重要的数据点可能会被丢弃。此外，这种方法没有解决从数据集中挑选的随机样本存在偏差的问题。

10.1.2.2 随机过采样方法

这与欠采样方法完全相反。此方法中小类的元素被随机添加，直到大类和小类达到平衡。过采样方法可以解决欠采样方法存在的问题。但是，过采样的主要问题是过拟合，其结果仅适合模拟输入数据。

10.1.2.3 基于聚类的过采样方法

这种方法使用 k-means 聚类算法解决非均衡数据的问题，在被过采样的大类和小类样本上使用聚类算法，使每个类具有相同数量的数据元素。虽然这个方法很有效，但存在过拟合问题。

10.1.2.4 合成少数类过采样技术

合成少数类过采样技术（SMOTE）是一种从小类中获取数据子集来生成合成数据的技术。因为没有一个数据是小类中数据的复制品，所以可以避免过拟合。将合成数据添加到原始数据集中，将该组合数据集用于对数据进行分类。这种技术的好处是整个过程中不存在信息损失。

10.1.2.5 改进的合成少数类过采样技术

这是 SMOTE 的改进方法，此方法中原始数据的基础分布和噪声不会被掺杂到合成数据中。

10.1.3 检测信用卡诈骗

本章将测试处理偏斜数据的不同方法。当绝对大类降低我们预测模型的效果时，需要评估预处理技术的好坏。我们还将讨论如何应用交叉验证对不同分类模型的超参数进行调整。我们将使用稍后介绍的方法创建模型。

10.1.3.1 逻辑回归

首先导入所有必需的包:

```
import pandas as pd
import matplotlib.pyplot as plt
from __future__ import division
import numpy as np

%matplotlib inline
```

10.1.3.2 加载数据集

我们使用 2017 年 Black Hat 会议的数据集,进行一些基本的统计测试,来更好地理解数据:

```
data =
pd.read_csv("https://s3-us-west-1.amazonaws.com/blackhat-us-2017/creditcard
.csv")
data.head()
```

上述代码展示 31 列数据。

我们使用直方图检查目标数据的分类,其中 *x* 轴表示 Class,*y* 轴表示 Frequency,如下面的代码所示:

```
count_classes = pd.value_counts(data['Class'], sort = True).sort_index()
count_classes.plot(kind = 'bar')
plt.title("Fraud class histogram")
plt.xlabel("Class")
plt.ylabel("Frequency")
```

上面代码的输出如图 10-3 所示。

该直方图清楚地表明数据是非均衡的。

这是使用典型的准确率分数来评估分类算法的例子。例如,如果我们只使用大类为所有记录分类,则会有很高的准确率,但只会把所有数据错误地归为一类。

考虑到这种非均衡情况,该问题有几种解决方案:我们是否可以收集更多数据?这是一个很好的策略,但不适用于这种情况:

- 通过修改性能指标解决问题:
  - 使用混淆矩阵计算精确率、召回率。

- F1 分数（精确率和召回率的加权平均值）。
- 使用 Kappa，一种根据数据类非均衡进行归一化的分类准确率。
- ROC 曲线计算敏感度 / 特异度比率。
- 重采样数据集：
  - 这是一种处理数据的方法，使数据的比例约为 1∶1。
  - 实现这一目标的一种方法是过采样，即添加小类的副本（当数据很少时更好）。
  - 另一种方法是欠抽样，删除大类的实例（当有大量数据时更好）。

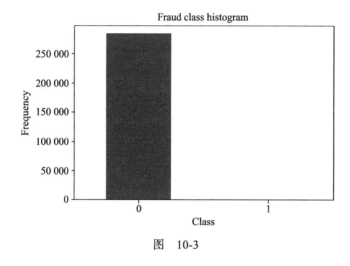

图　10-3

10.1.3.3　方案

（1）我们不会首先考虑特征工程。将数据集降维到 30 个特征（28 个匿名特征 + 时间 + 金额）。

（2）比较使用重采样方法和不使用该方法时存在什么问题，使用简单的逻辑回归分类器测试这种方法。

（3）使用前面提到的一些性能指标评估模型。

（4）通过调整逻辑回归分类器中的参数来重复最佳重采样 / 非重采样方法。

（5）使用其他分类算法执行分类模型。

设置输入和目标变量 + 重采样：

（1）归一化 Amount 列。

（2）Amount 列与匿名特征不一致：

```
from sklearn.preprocessing import StandardScaler
data['normAmount'] =
StandardScaler().fit_transform(data['Amount'].values.reshape(-1,
1))
data = data.drop(['Time','Amount'],axis=1)
data.head()
```

上面的代码输出一个 5 行 ×30 列的表。

如上所述，重采样偏斜数据有几种方案。除了欠采样和过采样之外，还有一种常用的将两者进行组合的 SMOTE 方法。其中过采样方法不是通过复制小类来完成的，而是通过算法生成一个新的小类数据实例。

在此，我们将使用传统的欠采样方法。

我们对数据集采用欠采样方法，使数据比例为 1:1，这将通过从大类中随机选择 x 个样本来完成，x 是小类的记录总数：

```
X = data.iloc[:, data.columns != 'Class']
y = data.iloc[:, data.columns == 'Class']
```

计算小类中数据的个数：

```
number_records_fraud = len(data[data.Class == 1])
fraud_indices = np.array(data[data.Class == 1].index)
```

选择正常类的索引：

```
normal_indices = data[data.Class == 0].index
```

在选择的索引中，我们随机选择 x 个（number_records_fraud）：

```
random_normal_indices = np.random.choice(normal_indices,
number_records_fraud, replace = False)
random_normal_indices = np.array(random_normal_indices)
```

合并两种索引：

```
under_sample_indices =
  np.concatenate([fraud_indices,random_normal_indices])
```

在样本数据集中附加上面得到的索引对应的样本：

```
under_sample_data = data.iloc[under_sample_indices,:]
X_undersample = under_sample_data.iloc[:, under_sample_data.columns !=
'Class']
y_undersample = under_sample_data.iloc[:, under_sample_data.columns ==
'Class']
```

显示比率：

```
print("Percentage of normal transactions: ",
len(under_sample_data[under_sample_data.Class ==
0])/float(len(under_sample_data)))
print("Percentage of fraud transactions: ",
len(under_sample_data[under_sample_data.Class ==
1])/float(len(under_sample_data)))
print("Total number of transactions in resampled data: ",
len(under_sample_data))
```

上述代码的输出如下：

```
('Percentage of normal transactions: ', 0.5)
 ('Percentage of fraud transactions: ', 0.5)
 ('Total number of transactions in resampled data: ', 984)
```

在将数据拆分为训练集和测试集，在计算准确率时使用交叉验证，如下所示：

```
from sklearn.model_selection import train_test_split
# Whole dataset
X_train, X_test, y_train, y_test = train_test_split(X,y,test_size = 0.3,
random_state = 0)
print("Number transactions train dataset: ", len(X_train))
print("Number transactions test dataset: ", len(X_test))
print("Total number of transactions: ", len(X_train)+len(X_test))
# Undersampled dataset
X_train_undersample, X_test_undersample, y_train_undersample,
y_test_undersample = train_test_split(X_undersample,y_undersample,test_size
= 0.3,random_state = 0)
print("")
print("Number transactions train dataset: ", len(X_train_undersample))
print("Number transactions test dataset: ", len(X_test_undersample))
print("Total number of transactions: ",
len(X_train_undersample)+len(X_test_undersample))
```

以下输出展示了上述代码完成的样本分布：

```
('Number transactions train dataset: ', 199364)
('Number transactions test dataset: ', 85443)
('Total number of transactions: ', 284807)
('Number transactions train dataset: ', 688)
('Number transactions test dataset: ', 296)
('Total number of transactions: ', 984)
```

10.2 逻辑回归分类器：欠采样数据

我们对召回率感兴趣，因为它能帮助我们捕获大部分诈骗交易。如果把准确率、精确率和召回率组成一个混淆矩阵，就可以发现召回率隐含了更多信息。

- 准确率 = (TP + TN) / 样本总数，其中 TP 表示真正样本数量，TN 表示真负样本数量。

- 精确率 = TP/(TP + FP)，其中 FP 表示假正样本数量。
- 召回率 = TP/(TP + FN)，其中 FN 表示假负样本数量。

图 10-4 将帮助你理解上述定义。

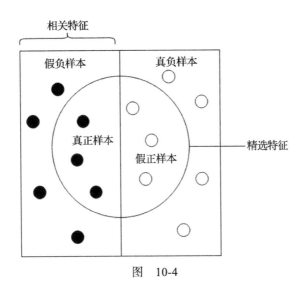

图　10-4

众所周知，由于数据的非均衡性，许多观察结果可能被预测为假负样本。但是，在我们的案例中，情况并非如此：我们不预测正常交易，而是预测诈骗交易。我们可以通过召回率证明这一点。

- 显然，增加召回率将伴随着精确度的降低。在我们的案例中，将某个正常交易判定为诈骗交易，对我们来说不是一个大问题。

- 当每种错误类具有不同权重的 FN 和 FP 时，我们应用成本函数，但是在此类中，我们不使用它：

```
from sklearn.linear_model import LogisticRegression
from sklearn.model_selection import KFold, cross_val_score,
GridSearchCV
from sklearn.metrics import
confusion_matrix,precision_recall_curve,auc,roc_auc_score,roc_curve
,recall_score,classification_report
```

使用 ad-hoc 函数打印 K 重分数：

```
c_param_range = [0.01,0.1,1,10,100]

print("# Tuning hyper-parameters for %s" % score)
```

```
print()

clf = GridSearchCV(LogisticRegression(), {"C": c_param_range}, cv=5,
scoring='recall')
clf.fit(X_train_undersample,y_train_undersample)

print "Best parameters set found on development set:"
print
print clf.bestparams

print "Grid scores on development set:"
means = clf.cv_results_['mean_test_score']
stds = clf.cv_results_['std_test_score']
for mean, std, params in zip(means, stds, clf.cv_results_['params']):
 print("%0.3f (+/-%0.03f) for %r"
 % (mean, std * 2, params))

print "Detailed classification report:"
print "The model is trained on the full development set."
print "The scores are computed on the full evaluation set."
y_true, y_pred = y_test, clf.predict(X_test)
print(classification_report(y_true, y_pred))
print()
```

这个问题太容易了：超参数稳定而平坦，输出模型的精确率和召回率相同，质量也很好。

10.2.1　超参数调整

我们调整超参数以得到更好的召回率。参数调整是指在函数中采用更易拟合的参数，以使性能变得更好。

在开发集上找到最佳参数集：

```
{'C': 0.01}
```

开发集上的网格分数如下：

```
0.916 (+/-0.056) for {'C': 0.01}
0.907 (+/-0.068) for {'C': 0.1}
0.916 (+/-0.089) for {'C': 1}
0.916 (+/-0.089) for {'C': 10}
0.913 (+/-0.095) for {'C': 100}
```

10.2.1.1　详细的分类报告

该模型在完整的开发集上进行训练，分数在完整的评估集上计算，精确率 – 召回率的 F1 分数为：

```
0 1.00 0.96 0.98 85296
 1 0.04 0.93 0.08 147
micro avg 0.96 0.96 0.96 85443
 macro avg 0.52 0.94 0.53 85443
 weighted avg 1.00 0.96 0.98 85443
```

我们发现适合召回率的最佳超参数优化如下：

```
def print_gridsearch_scores(x_train_data,y_train_data):
 c_param_range = [0.01,0.1,1,10,100]

clf = GridSearchCV(LogisticRegression(), {"C": c_param_range}, cv=5,
scoring='recall')
 clf.fit(x_train_data,y_train_data)

print "Best parameters set found on development set:"
print
print clf.bestparams

print "Grid scores on development set:"
 means = clf.cv_results_['mean_test_score']
 stds = clf.cv_results_['std_test_score']
 for mean, std, params in zip(means, stds, clf.cv_results_['params']):
 print "%0.3f (+/-%0.03f) for %r" % (mean, std * 2, params)

 return clf.best_params_["C"]
```

在开发集中找到最佳参数集，如下所示：

```
best_c = print_gridsearch_scores(X_train_undersample,y_train_undersample)
```

输出如下：

```
{'C': 0.01}
```

开发集上的网格分数如下：

```
0.916 (+/-0.056) for {'C': 0.01}
0.907 (+/-0.068) for {'C': 0.1}
0.916 (+/-0.089) for {'C': 1}
0.916 (+/-0.089) for {'C': 10}
0.913 (+/-0.095) for {'C': 100}
```

编写一个混淆矩阵的绘制函数，打印并绘制混淆矩阵。通过设置 normalize=
True 应用归一化：

```
import itertools

def plot_confusion_matrix(cm, classes,
 normalize=False,
 title='Confusion matrix',
 cmap=plt.cm.Blues):
```

```
plt.imshow(cm, interpolation='nearest', cmap=cmap)
 plt.title(title)
 plt.colorbar()
 tick_marks = np.arange(len(classes))
 plt.xticks(tick_marks, classes, rotation=0)
 plt.yticks(tick_marks, classes)

if normalize:
 cm = cm.astype('float') / cm.sum(axis=1)[:, np.newaxis]
 #print("Normalized confusion matrix")
 else:
 1#print('Confusion matrix, without normalization')

thresh = cm.max() / 2.
 for i, j in itertools.product(range(cm.shape[0]), range(cm.shape[1])):
 plt.text(j, i, cm[i, j],
 horizontalalignment="center",
 color="white" if cm[i, j] > thresh else "black")

plt.tight_layout()
 plt.ylabel('True label')
 plt.xlabel('Predicted label')
```

10.2.1.2　测试集预测和绘制混淆矩阵

我们一直使用召回率衡量预测模型的效果，但要记住，欠采样数据不会偏向某个类，这使召回指标变得不那么重要。

我们使用此参数构建整个训练数据集的最终模型，并预测测试数据中的分类：

```
# dataset
lr = LogisticRegression(C = best_c, penalty = 'l1')
lr.fit(X_train_undersample,y_train_undersample.values.ravel())
y_pred_undersample = lr.predict(X_test_undersample.values)
```

计算混淆矩阵：

```
cnf_matrix = confusion_matrix(y_test_undersample,y_pred_undersample)
np.set_printoptions(precision=2)

print("Recall metric in the testing dataset: ",
cnf_matrix[1,1]/(cnf_matrix[1,0]+cnf_matrix[1,1]))
```

绘制非归一化混淆矩阵，如下所示：

```
class_names = [0,1]
plt.figure()
plot_confusion_matrix(cnf_matrix, classes=class_names, title='Confusion
matrix')
plt.show()
```

上面代码的输出如图 10-5 所示。

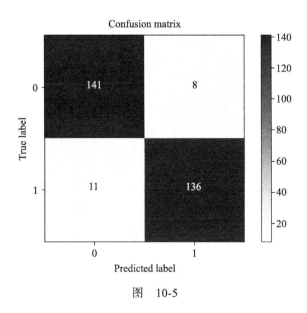

图 10-5

因此，该模型在测试集上的召回率为 92.5%，这个召回率不低。但是请记住，这仅说明欠采样测试集上的召回率为 92.5%。我们将在整个数据集上用拟合的模型进行测试，如下所示：

```
We Use this parameter to build the final model with the whole training
dataset and predict the classes in the test
# dataset
lr = LogisticRegression(C = best_c, penalty = 'l1')
lr.fit(X_train_undersample,y_train_undersample.values.ravel())
y_pred = lr.predict(X_test.values)

# Compute confusion matrix
cnf_matrix = confusion_matrix(y_test,y_pred)
np.set_printoptions(precision=2)

print("Recall metric in the testing dataset: ",
cnf_matrix[1,1]/(cnf_matrix[1,0]+cnf_matrix[1,1]))

# Plot non-normalized confusion matrix
class_names = [0,1]
plt.figure()
plot_confusion_matrix(cnf_matrix, classes=class_names, title='Confusion
matrix')
plt.show()
```

上述代码的输出如图 10-6 所示。

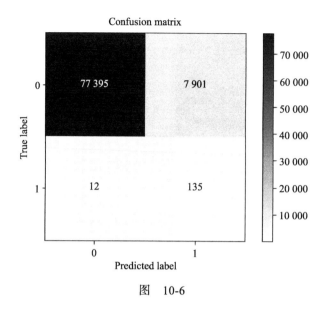

图 10-6

当将该模型应用于更大且偏斜的数据集时，召回率仍然不错。通过绘制 ROC 曲线和精确率 – 召回率曲线，我们发现精确率 – 召回率曲线更加合适，因为我们更关注正值的类而不是负值的类。但是，由于我们计算了召回率精确率，因此不用绘制精确率 – 召回率曲线。AUC 和 ROC 曲线也可以检查模型是否正确地预测并且没有造成很多错误：

```
# ROC CURVE
lr = LogisticRegression(C = best_c, penalty = 'l1')
y_pred_undersample_score =
lr.fit(X_train_undersample,y_train_undersample.values.ravel()).decision_fun
ction(X_test_undersample.values)
fpr, tpr, thresholds =
roc_curve(y_test_undersample.values.ravel(),y_pred_undersample_score)
roc_auc = auc(fpr,tpr)
# Plot ROC
plt.title('Receiver Operating Characteristic')
plt.plot(fpr, tpr, 'b',label='AUC = %0.2f'% roc_auc)
plt.legend(loc='lower right')
plt.plot([0,1],[0,1],'r--')
plt.xlim([-0.1,1.0])
plt.ylim([-0.1,1.01])
plt.ylabel('True Positive Rate')
plt.xlabel('False Positive Rate')
plt.show()
```

得到的输出如图 10-7 所示。

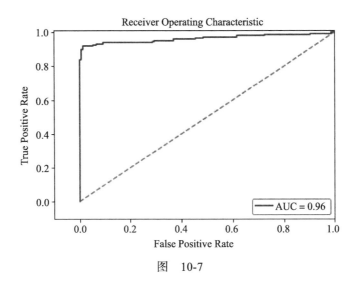

图　10-7

初始化多个欠采样数据集并循环重复该过程是另一个有意思的过程。请记住：要创建欠采样数据集，应该从大类中随机抽取记录。虽然这是个可行的方案，但它并不代表真实的结果，因此，需要使用不同的欠采样数据重复该过程，并检查以前选择的参数是否还是最有效的。最后，我们的思路是使用整个数据集的更广泛的随机抽样，并依赖于平均最佳参数。

10.2.2　逻辑回归分类器——偏斜数据

在对上述方案进行测试后，对偏斜数据也使用相同的方法进行测试。我们的直觉是偏斜数据会引入新的难以解决的问题，导致算法低效。

考虑到训练集和测试集远大于欠采样数据集，有必要进行 k 重交叉验证，我们这样分割数据：训练集为 60%，交叉验证为 20%，测试数据为 20%。但是，我们采用与以前相同的方法（这没有任何问题，只是 k 重的计算量太大）：

```
best_c = print_gridsearch_scores(X_train,y_train)
```

在开发集上的最佳参数集如下：

```
{'C': 10}
 Grid scores on development set:
 0.591 (+/-0.121) for {'C': 0.01}
 0.594 (+/-0.076) for {'C': 0.1}
 0.612 (+/-0.106) for {'C': 1}
```

```
0.620 (+/-0.122) for {'C': 10}
0.620 (+/-0.122) for {'C': 100}
```

使用前面的参数在整个训练集上构建最终模型，并在测试集上预测分类，如下所示：

```
# dataset
lr = LogisticRegression(C = best_c, penalty = 'l1')
lr.fit(X_train,y_train.values.ravel())
y_pred_undersample = lr.predict(X_test.values)
# Compute confusion matrix
cnf_matrix = confusion_matrix(y_test,y_pred_undersample)
np.set_printoptions(precision=2)
print("Recall metric in the testing dataset: ",
cnf_matrix[1,1]/(cnf_matrix[1,0]+cnf_matrix[1,1]))
# Plot non-normalized confusion matrix
class_names = [0,1]
plt.figure()
plot_confusion_matrix(cnf_matrix, classes=class_names, title='Confusion
matrix')
plt.show()
```

混淆矩阵的输出如图 10-8 所示。

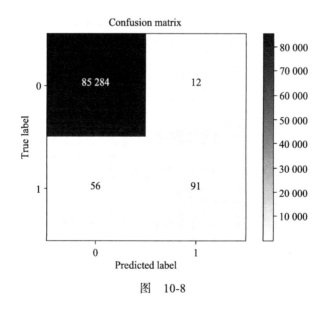

图　10-8

我们首先需要更改分类阈值，然后通过对数据进行欠采样，使算法在检测诈骗方面
效果更好。我们还可以通过更改阈值来调整分类的最终结果。首先构建分类模型，然后
用模型进行预测。我们先使用 predict() 方法确定记录属于 1 还是 0。也可以使用另
一种方法 predict_proba()，该方法返回每个分类的概率。我们的方案是通过调整阈

值将记录分配到 1 类，以便控制精确率和召回率。让我们使用欠采样数据（C_param=0.01）来验证：

```
lr = LogisticRegression(C = 0.01, penalty = 'l1')
lr.fit(X_train_undersample,y_train_undersample.values.ravel())
y_pred_undersample_proba = lr.predict_proba(X_test_undersample.values)
thresholds = [0.1,0.2,0.3,0.4,0.5,0.6,0.7,0.8,0.9]
plt.figure(figsize=(10,10))
j = 1
for i in thresholds:
 y_test_predictions_high_recall = y_pred_undersample_proba[:,1] > i

 plt.subplot(3,3,j)
 j += 1

 # Compute confusion matrix
 cnf_matrix =
confusion_matrix(y_test_undersample,y_test_predictions_high_recall)
 np.set_printoptions(precision=2)
print "Recall metric in the testing dataset for threshold {}: {}".format(i,
cnf_matrix[1,1]/(cnf_matrix[1,0]+cnf_matrix[1,1]))
# Plot non-normalized confusion matrix
 class_names = [0,1]
 plot_confusion_matrix(cnf_matrix, classes=class_names, title='Threshold >=
%s'%i)
Recall metric in the testing dataset for threshold 0.1: 1.0
 Recall metric in the testing dataset for threshold 0.2: 1.0
 Recall metric in the testing dataset for threshold 0.3: 1.0
 Recall metric in the testing dataset for threshold 0.4: 0.979591836735
 Recall metric in the testing dataset for threshold 0.5: 0.925170068027
 Recall metric in the testing dataset for threshold 0.6: 0.857142857143
 Recall metric in the testing dataset for threshold 0.7: 0.829931972789
 Recall metric in the testing dataset for threshold 0.8: 0.741496598639
 Recall metric in the testing dataset for threshold 0.9: 0.585034013605
...
```

输出如图 10-9 所示。

由图 10-9 可以看出，分类的模式非常清晰：越是降低 1 类的分类概率阈值，归入 1 类的数据就越多。

这意味着召回率在提高（我们想要所有的 1），但同时精确率在降低（有很多错误分类）。

因此，即使召回率是我们的重要指标（不错过诈骗交易），我们也希望保持模型整体准确：

- 有一种方法可以解决这个问题。我们更需要准确地预测 1 类，因此错分为 1 类的成本应该大于错分为 0 类的成本，这样就可以通过算法选择最小化总成本的阈值。这种方法的缺点是我们必须手动选择每个成本的权重。

● 回到阈值的调整上，还有一个方法是使用精确率–召回率曲线，通过观察模型的性能来选择的合适的阈值，我们可以得出一个最佳召回率并保持高精确率。

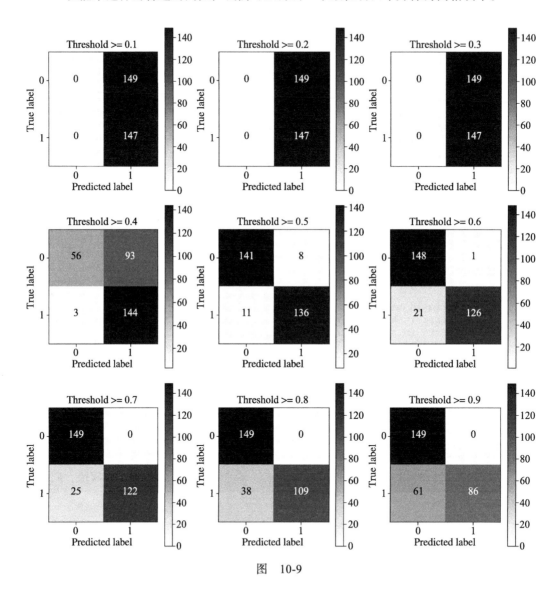

图　10-9

10.2.3　研究精确率–召回率曲线和曲线下面积

以下是研究精确率–召回率曲线的代码：

```
from itertools import cycle

lr = LogisticRegression(C = 0.01, penalty = 'l1')
lr.fit(X_train_undersample,y_train_undersample.values.ravel())
y_pred_undersample_proba = lr.predict_proba(X_test_undersample.values)

thresholds = [0.1,0.2,0.3,0.4,0.5,0.6,0.7,0.8,0.9]
colors = cycle(['navy', 'turquoise', 'darkorange', 'cornflowerblue',
'teal', 'red', 'yellow', 'green', 'blue','black'])

plt.figure(figsize=(5,5))
j = 1
for i,color in zip(thresholds,colors):
 y_test_predictions_prob = y_pred_undersample_proba[:,1] > i

 precision, recall, thresholds =
precision_recall_curve(y_test_undersample,y_test_predictions_prob)

 # Plot Precision-Recall curve
 plt.plot(recall, precision, color=color,
 label='Threshold: %s'%i)
 plt.xlabel('Recall')
 plt.ylabel('Precision')
 plt.ylim([0.0, 1.05])
 plt.xlim([0.0, 1.0])
 plt.title('Precision-Recall example')
 plt.legend(loc="lower left")
```

输出如图 10-10 所示。

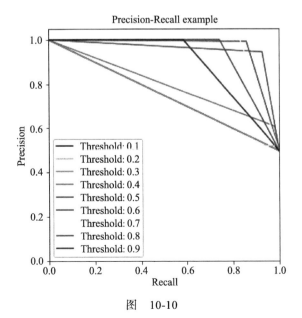

图   10-10

10.3 深度学习时间

最后我们使用深度学习来解决该问题，并观察结果的准确率。我们将引入 keras 包中的 Sequential 和 Dense 模型以及 KerasClassifier 包，如以下代码所示：

```
from keras.models import Sequential
from keras.layers import Dense
from keras.wrappers.scikit_learn import KerasClassifier
```

通过修改函数，使神经网络中有更多的隐藏层：

```
def network_builder(hidden_dimensions, input_dim):
    # create model
    model = Sequential()
    model.add(Dense(hidden_dimensions[0], input_dim=input_dim,
kernel_initializer='normal', activation='relu'))
    # add multiple hidden layers
    for dimension in hidden_dimensions[1:]:
        model.add(Dense(dimension, kernel_initializer='normal',
activation='relu'))
        model.add(Dense(1, kernel_initializer='normal',
activation='sigmoid'))
```

我们编译模型，并使用对数损失函数和 Adam 梯度优化器（将在下一节中描述）。

Adam 梯度优化器

```
model.compile(loss='binary_crossentropy', optimizer='adam',
metrics=['accuracy'])
 return model
```

我们使用最佳的超参数优化来计算召回率：

```
def print_gridsearch_scores_deep_learning(x_train_data,y_train_data):
 c_param_range = [0.01,0.1,1,10,100]

clf = GridSearchCV(KerasClassifier(build_fn=network_builder, epochs=50,
batch_size=128,
 verbose=1, input_dim=29),
 {"hidden_dimensions": ([10], [10, 10, 10], [100, 10])}, cv=5,
scoring='recall')
 clf.fit(x_train_data,y_train_data)

print "Best parameters set found on development set:"
 print
 print clf.bestparams

print "Grid scores on development set:"
 means = clf.cv_results_['mean_test_score']
```

```
stds = clf.cv_results_['std_test_score']
for mean, std, params in zip(means, stds, clf.cv_results_['params']):
print "%0.3f (+/-%0.03f) for %r" % (mean, std * 2, params)
```

最后，我们打印深度学习模型的分数，如下所示：

```
print_gridsearch_scores_deep_learning(X_train_undersample,
y_train_undersample)
```

```
Epoch 1/50
 550/550 [==============================] - 2s 3ms/step - loss: 0.7176 -
acc: 0.2673
 Epoch 2/50
 550/550 [==============================] - 0s 25us/step - loss: 0.6955 -
acc: 0.4582
 Epoch 3/50
 550/550 [==============================] - 0s 41us/step - loss: 0.6734 -
acc: 0.6327
 Epoch 4/50
 550/550 [==============================] - 0s 36us/step - loss: 0.6497 -
acc: 0.6491
 Epoch 5/50
 550/550 [==============================] - 0s 43us/step - loss: 0.6244 -
acc: 0.6655
```

输出如下：

```
{'hidden_dimensions': [100, 10]}
Grid scores on development set:
0.903 (+/-0.066) for {'hidden_dimensions': [10]}
0.897 (+/-0.070) for {'hidden_dimensions': [10, 10, 10]}
0.912 (+/-0.079) for {'hidden_dimensions': [100, 10]}
```

我们使用 hidden_dimensions 参数在整个训练集上构建最终模型，并在测试集
上预测分类：

```
k = KerasClassifier(build_fn=network_builder, epochs=50, batch_size=128,
 hidden_dimensions=[100, 10], verbose=0, input_dim=29)
k.fit(X_train_undersample,y_train_undersample.values.ravel())
y_pred_undersample = k.predict(X_test_undersample.values)

# Compute confusion matrix
cnf_matrix = confusion_matrix(y_test_undersample,y_pred_undersample)
np.set_printoptions(precision=2)

print("Recall metric in the testing dataset: ",
cnf_matrix[1,1]/(cnf_matrix[1,0]+cnf_matrix[1,1]))

# Plot non-normalized confusion matrix
class_names = [0,1]
plt.figure()
```

```
plot_confusion_matrix(cnf_matrix, classes=class_names, title='Confusion
matrix')
plt.show()
```

上述的代码的输出如图 10-11 所示。

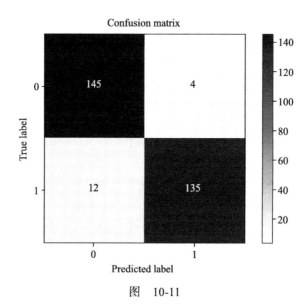

图 10-11

```
y_pred = k.predict(X_test.values)

# Compute confusion matrix
cnf_matrix = confusion_matrix(y_test,y_pred)
np.set_printoptions(precision=2)

print("Recall metric in the testing dataset: ",
cnf_matrix[1,1]/(cnf_matrix[1,0]+cnf_matrix[1,1]))

# Plot non-normalized confusion matrix
class_names = [0,1]
plt.figure()
plot_confusion_matrix(cnf_matrix, classes=class_names, title='Confusion
matrix')
plt.show()
```

输出如图 10-12 所示。

从图 10-12 可得，这是迄今为止在整个数据集上得到的最好的召回率，这得益于深度学习。

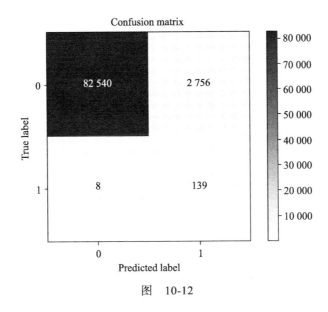

图　10-12

10.4　总结

本章首先使用机器学习在非均衡数据集上检测金融诈骗，然后介绍了随机欠采样和过采样，以及 SMOTE 和改进的 SMOTE。还介绍了如何进行信用卡诈骗检测，包括使用逻辑回归分类器和调整超参数。

最后，本章介绍了使用深度学习解决此问题以及 Adam 梯度优化器。在下一章，我们将探讨一些不同的网络安全案例研究。

第 11 章

案例研究

如今，密码安全是我们抵御恶意活动的第一道防线，通过分析超过 5 000 000 个已泄露的密码和最常用的密码，SplashData 公布了 2018 年年度最弱密码，前 10 名如下所示：

- 123456
- password
- 123456789
- 12345678
- 12345
- 111111
- 1234567
- sunshine
- qwerty
- iloveyou

SplashData 每年都会发布此列表，鼓励人们使用更安全的密码。

 如果你或你认识的人出于任何目的使用此列表中的密码，请立即更改！

本章我们将跟随 SplashData 的脚步，对超过 1 000 000 个已泄露的密码进行密码分析。

11.1 我们的密码数据集简介

让我们从基础开始，首先导入数据集并理解数据的规模。使用 `pandas` 导入数据：

```
# pandas is a powerful Python-based data package that can handle large
quantities of row/column data
# we will use pandas many times during these videos. a 2D group of data in
pandas is called a 'DataFrame'

# import pandas
import pandas as pd

# use the read_csv method to read in a local file of leaked passwords
# here we specify `header=None` so that that there is no header in the file
(no titles of columns)
# we also specify that if any row gives us an error, skip over it (this is
done in error_bad_lines=False)
data = pd.read_csv('../data/passwords.txt', header=None,
error_bad_lines=False)
```

现在已经导入数据，接下来调用 DataFrame 的 `shape` 方法来查看数据集有多少行和列：

```
# shape attribute gives us tuple of (# rows, # cols)

# 1,048,489 passwords
print data.shape

(1048489, 1)
```

由于我们只关心密码列，因此作为一个好习惯，我们调用 DataFrame 的 `dropna` 方法来删除所有空值：

```
# the dropna method will remove any null values from our dataset. We have
to include the inplace in order for the
# change to take effect
data.dropna(inplace=True)

# still 1,048,485 passwords after dropping null values
print data.shape
(1048485, 1)
```

这个操作只减少了 4 个密码，让我们来看看接下来的工作。为确保命名更有意义，将唯一一列的名称改为 text，然后调用 head 方法：

```
# let's change the name of our columns to make it make more sense
data.columns = ['text']

# the head method will return the first n rows (default 5)

data.head()
```

运行 head 方法显示数据集中的前 5 个密码，结果如表 11-1 所示。

表   11-1

	文本
0	7606374520
1	piontekendre
2	rambo144
3	primoz123
4	sal1387

我们将唯一的列作为 pandas 的一维 Series 对象进行分离，并将该变量称为 text。一旦有了 Series 对象，我们就可以使用 value_counts 来查看数据集中最常用的密码：

```
# we will grab a single column from our DataFrame.
# A 1-Dimensional version of a DataFrame is called a Series
text = data['text']

# show the type of the variable text
print type(text)

# the value_counts method will count the unique elements of a Series or
DataFrame and show the most used passwords
# in this case, no password repeats itself more than 2 times
text.value_counts()[:10]
```

```
0             21
123           12
1             10
123456         8
8              8
5              7
2              7
1230           7
123456789      7
12345          6
```

这很有趣，因为我们看到了一些预期的密码（12345），但奇怪的是通常大多数网站都不允许使用单字符密码。为了得到更好的结果，我们将不得不进行一些手动特征提取。

11.1.1 文本特征提取

本节我们将手动创建一些特征，以量化我们的文本密码。首先在数据 DataFrame 中创建一个名为 length 的新列，它将代表密码的长度：

```
# 1. the length of the password

# on the left of the equal sign, note we are defining a new column called
'length'. We want this column to hold the
# length of the password.

# on the right of the equal sign, we use the apply method of pandas
Series/DFs. We will apply a function (len in this case)
# to every element in the column 'text'

data['length'] = data['text'].apply(len)

# see our changes take effect
data.head()
```

输出如表 11-2 所示。

表　11-2

	文本	长度
0	7606374520	10
1	piontekendre	12
2	rambo144	8
3	primoz123	9
4	sal1387	7

让我们使用新列来查看具有 5 个或更多字符的最常用密码：

```
# top passwords of length 5 or more
data[data.length > 4]["text"].value_counts()[:10]

123456        8
123456789     7
12345         6
43162         5
7758521       5
11111         5
5201314       5
111111        4
123321        4
102030        4
```

正如期望的那样，我们甚至看到了本章开头列出的密码 111111。继续添加另一列
num_caps，用来计算密码中的大写字母的数量，这会让我们了解密码的强度：

```
# store a new column
data['num_caps'] = data['text'].apply(caps)

# see our changes take effect
data.head(10)
```

现在可以看到两个新列，它们为我们提供了一些评估密码强度的量化方法，如表 11-3 所示。强密码倾向于是长度长且包含更多大写字母的密码，当然这并不是全部。

表   11-3

	文本	长度	num_caps
0	7606374520	10	0
1	piontekendre	12	0
2	rambo144	8	0
3	primoz123	9	0
4	sal1387	7	0
5	EVASLRDG	8	8
6	Detroit84	9	1
7	dlbd090505	10	0
8	snoesje12	9	0
9	56412197	8	0

我们用直方图来展示密码中大写字母数量的分布，这将使我们更好地了解大写字母的总体使用情况：

```
data['num_caps'].hist() # most passwords do not have any caps in them
```

运行此代码将输出图 11-1 所示的直方图，该图显示了大写字母的偏态分布，这意味着大多数人很少在密码中使用大写字母。

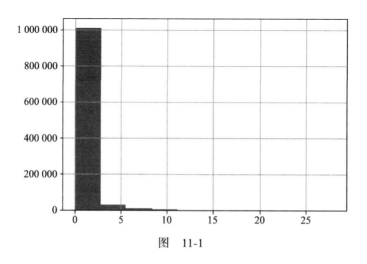

图   11-1

调用 DataFrame 的 describe 方法将给出数据的一些高级描述性统计信息：

```
# grab some basic descriptive statistics
data.describe()
```

输出如表 11-4 所示。

表　11-4

	长度	num_caps
count	1.048485e+06	1.048485e+06
mean	8.390173e+00	2.575392e-01
std	2.269470e+01	1.205588e+00
min	1.000000e+00	0.000000e+00
25%	7.000000e+00	0.000000e+00
50%	8.000000e+00	0.000000e+00
75%	9.000000e+00	0.000000e+00
max	8.192000e+03	2.690000e+02

length 列的 max 属性告诉我们有一些超长的密码（超过 8000 个字符），我们分离出长度超过 100 个字符的密码：

```
# let's see our long passwords
data[data.length > 100]
```

长密码如表 11-5 所示。

表　11-5

	文本	长度	num_caps
38830	><script>alert(1)</script>\r123Lenda#\rhallibu...	8192	242
387398	\r251885394\rmello2\rmaitre1123\rfk6Ehruu\rthi...	8192	176
451793	39<0Y~c.;A1Bj\r3ddd4t\r516ks516\rag0931266\rac...	8192	223
517600	12345\rhdjcb100\r060571\rkaalimaa\rrelaxmax\rd...	8192	184
580134	or1=1--\r13817676085\r594112\rmactools\r880148...	8192	216
752693	pass\rmbmb266888\r1988luolin\r15877487956\rcri...	8192	180
841857	==)!)(=\raviral\rrimmir33\rhutcheson\rrr801201...	8192	269
1013991	AAj6H\rweebeth\rmonitor222\rem1981\ralexs123\r...	8192	269

我们可以清楚地看到 DataFrame 的这 8 行数据有问题，因此使用 pandas 删除这 8 行，如以下代码所示，当然还要向更深的层面研究。

```
print data[data.length > 100].shape # only 8 rows that became malformed
# to make this easy, let's just drop those problematic rows

# we will drop passwords that are way too long
data.drop(data[data.length > 100].index, axis=0, inplace=True)
(8, 3)


# 1,048,485 - 8 == 1,048,477 makes sense
print data.shape
(1048477, 3)


data.describe()
```

上述代码的输出如表 11-6 所示。

表　11-6

	长度	num_caps
count	1.048477e+06	1.048477e+06
mean	8.327732e+00	2.558635e-01
std	2.012173e+00	1.037190e+00
min	1.000000e+00	0.000000e+00
25%	7.000000e+00	0.000000e+00
50%	8.000000e+00	0.000000e+00
75%	9.000000e+00	0.000000e+00
max	2.900000e+01	2.800000e+01

接下来我们将用 scikit-learn 进行自动特征提取。

11.1.2　使用 scikit-learn 进行特征提取

我们已经在本书中看到了 scikit-learn 的强大功能，本章也不例外。让我们导入 CountVectorizer 模块来快速计算文本中短语的出现次数：

```
# The CountVectorizer is from sklearn's text feature extraction module
# the feature extraction module as a whole contains many tools built for
extracting features from data.
# Earlier, we manually extracted data by applying functions such as
num_caps, special_characters, and so on

# The CountVectorizer module specifically is built to quickly count
occurrences of phrases within pieces of text
from sklearn.feature_extraction.text import CountVectorizer
```

我们先创建一个 CountVectorizer 实例，指定两个参数，将分析器设置为 char 以便计算字符而不是单词，将 ngram_range 设置为 (1,1) 以表示仅计算单字符：

```
one_cv = CountVectorizer(ngram_range=(1, 1), analyzer='char')

# The fit_transform method to learn the vocabulary and then
# transform our text series into a matrix which we will call
one_char
# Previously we created a matrix of quantitative data by applying
our own functions, now we are creating numerical matrices using
sklearn


one_char = one_cv.fit_transform(text)
# Note it is a sparse matrix
# there are 70 unique chars (number of columns)
<1048485x70 sparse matrix of type '<type 'numpy.int64'>'
  with 6935190 stored elements in Compressed Sparse Row format>
```

请注意行数表示我们使用的密码数量，70 列反映了语料库中 70 个不同且唯一的字符：

```
# we can peak into the learned vocabulary of the CountVectorizer by calling
the vocabulary_ attribute of the CV

# the keys are the learned phrases while the values represent a unique
index used by the CV to keep track of the vocab
one_cv.vocabulary_

{u'\r': 0,
 u' ': 1,
 u'!': 2,
 u'"': 3,
 u'#': 4,
 u'$': 5,
 u'%': 6,
 u'&': 7,
 u"'": 8,
 u'(': 9,
 u')': 10,
 u'*': 11,
 u'+': 12,
 u',': 13,
 u'-': 14,
 u'.': 15,
 u'/': 16,
 u'0': 17,
 u'1': 18,
 u'2': 19,
 u'3': 20,
 u'4': 21,
 u'5': 22,
 u'6': 23,
 u'7': 24,
 u'8': 25,
```

```
u'9': 26,
u':': 27,
u';': 28,
u'<': 29,
u'=': 30,
...
# Note that is auto lowercases!
```

这些字符中包括字母、标点符号等，由于 CountVectorizer 有自动小写功能，因此词汇表中没有大写字母。让我们再重复上述操作，但这次关闭 CountVectorizer 附带的自动小写功能：

```
# now with lowercase=False, this way we will not force the lowercasing of
characters
one_cv = CountVectorizer(ngram_range=(1, 1), analyzer='char',
lowercase=False)


one_char = one_cv.fit_transform(text)

one_char

# there are now 96 unique chars (number of columns) ( 26 letters more :) )

<1048485x96 sparse matrix of type '<type 'numpy.int64'>'
  with 6955519 stored elements in Compressed Sparse Row format>
```

输出如下：

```
one_cv.vocabulary_

{u'\r': 0,
 u' ': 1,
 u'!': 2,
 u'"': 3,
 u'#': 4,
 u'$': 5,
 u'%': 6,
 u'&': 7,
 u"'": 8,
 u'(': 9,
 u')': 10,
 u'*': 11,
 u'+': 12,
 u',': 13,
 u'-': 14,
 u'.': 15,
 u'/': 16,
 u'0': 17,
 u'1': 18,
 u'2': 19,
 u'3': 20,
.....
```

当我们在词汇表属性中找到多于 26 个字母（70 到 96）时，证明属性中显然包含了大写字母。我们可以使用这个向量器来转换新的文本片段，如下所示：

```
# transforming a new password
pd.DataFrame(one_cv.transform(['qwerty123!!!']).toarray(),
columns=one_cv.get_feature_names())

# cannot learn new vocab. If we introduce a new character, wouldn't matter
```

输出如图 11-2 所示。

			!	"	#	$	%	&	'	(	...	u	v	w	x	y	z	{	|	}	~
0	0	0	3	0	0	0	0	0	0	0	...	0	0	1	0	1	0	0	0	0	0

图　11-2

记住，当向量器完成拟合后，它就无法学习新的词汇，例如：

```
print "~" in one_cv.vocabulary_
True

print "D" in one_cv.vocabulary_
True

print "\t" in one_cv.vocabulary_
False

# transforming a new password (adding \t [the tab character] into the mix)
pd.DataFrame(one_cv.transform(['qw\terty123!!!']).toarray(),
columns=one_cv.get_feature_names())
```

输出如图 11-3 所示。

!	"	#	$	%	'	(	...	u	v	w	x	y	z	{	|	}	~				
0	0	0	3	0	0	0	...	0	0	1	0	1	0	0	0	0	0				

图　11-3

尽管第二个密码中有新字符，我们依然会得到相同的矩阵。下面扩展我们的词汇到生成最多 5 个字符的短语。这将计算唯一的 1 个、2 个、3 个、4 个和 5 个字符短语的出现次数，我们应该看到词汇的扩张：

```
# now let's count all 1, 2, 3, 4, and 5 character phrases
five_cv = CountVectorizer(ngram_range=(1, 5), analyzer='char')

five_char = five_cv.fit_transform(text)
```

```
five_char
# there are 2,570,934 unique combo of up to 5-in-a-row-char phrases

<1048485x2570934 sparse matrix of type '<type 'numpy.int64'>'
  with 31053193 stored elements in Compressed Sparse Row format>
```

从 70 列增加到了 2 570 934 列（不关闭自动小写功能）：

```
# much larger vocabulary!

five_cv.vocabulary_

{u'uer24': 2269299,
 u'uer23': 2269298,
 u'uer21': 2269297,
 u'uer20': 2269296,
 u'a4uz5': 640686,
 u'rotai': 2047903,
 u'hd20m': 1257873,
 u'i7n5': 1317982,
 u'fkhb8': 1146472,
 u'juy9f': 1460014,
 u'xodu': 2443742,
 u'xodt': 2443740,
```

关闭自动小写功能以查看可以获得多少唯一的短语：

```
# now let's count all 1, 2, 3, 4, and 5 character phrases
five_cv_lower = CountVectorizer(ngram_range=(1, 5), analyzer='char',
lowercase=False)

five_char_lower = five_cv_lower.fit_transform(text)

five_char_lower
# there are 2,922,297 unique combo of up to 5-in-a-row-char phrases

<1048485x2922297 sparse matrix of type '<type 'numpy.int64'>'
  with 31080917 stored elements in Compressed Sparse Row format>
```

关闭自动小写功能，我们的词汇量增加到 2 922 297 项。我们将使用此数据提取语料库中最多具有 5 个字符的常见短语。注意，这与之前的 value_counts 不同。之前我们计算所有最常用的密码，现在计算密码中最常见的短语：

```
# let's grab the most common five char "phrases"
# we will accomplish this by using numpy to do some quick math
import numpy as np

# first we will sum across the rows of our data to get the total count of
phrases
summed_features = np.sum(five_char, axis=0)

print summed_features.shape . # == (1, 2570934)
```

```
# we will then sort the summed_features variable and grab the 20 most
common phrases' indices in the CV's vocabulary
top_20 = np.argsort(summed_features)[:,-20:]

top_20 # == (1, 2570934)

matrix([[1619465, 2166552, 1530799, 1981845, 2073035, 297134, 457130,
406411, 1792848, 352276, 1696853, 562360, 508193, 236639, 1308517, 994777,
36326, 171634, 629003, 100177]])
```

这为我们提供了最多具有 5 个字符的常见短语的索引（从 0 到 2570933）。为了查看具体短语，我们调用 CountVectorizer 的 get_feature_names 方法，如下所示：

```
# plug these into the features of the CV.

# sorting is done in ascending order so '1' is the most common phrase,
followed by 'a'
np.array(five_cv.get_feature_names())[top_20]


array([[u'm', u't', u'l', u'r', u's', u'4', u'7', u'6', u'o', u'5', u'n',
        u'9', u'8', u'3', u'i', u'e', u'0', u'2', u'a', u'1']],
      dtype='<U5')
```

不出所料，最常见的 1 到 5 个字符的短语是单个字符（字母和数字）短语，让我们来看下最常见的 50 个短语：

```
# top 50 phrases
np.array(five_cv.get_feature_names())[np.argsort(summed_features)[:,-50:]]

array([[u'13', u'98', u'ng', u'21', u'01', u'er', u'in', u'20', u'10',
        u'x', u'11', u'v', u'23', u'00', u'19', u'z', u'an', u'j', u'w',
        u'f', u'12', u'p', u'y', u'b', u'k', u'g', u'h', u'c', u'd',
        u'u', u'm', u't', u'l', u'r', u's', u'4', u'7', u'6', u'o', u'5',
        u'n', u'9', u'8', u'3', u'i', u'e', u'0', u'2', u'a', u'1']],
      dtype='<U5')
```

现在我们看下前 100 个具有两个字符的最常见短语：

```
# top 100 phrases
np.array(five_cv.get_feature_names())[np.argsort(summed_features)[:,-100:]]

array([[u'61', u'33', u'50', u'07', u'18', u'41', u'198', u'09', u'el',
        u'80', u'lo', u'05', u're', u'ch', u'ia', u'03', u'90', u'89',
        u'91', u'08', u'32', u'56', u'81', u'16', u'25', u'la', u'le',
        u'51', u'as', u'34', u'al', u'45', u'ra', u'30', u'14', u'15',
        u'02', u'ha', u'99', u'52', u'li', u'88', u'31', u'22', u'on',
        u'123', u'ma', u'en', u'ar', u'q', u'13', u'98', u'ng', u'21',
        u'01', u'er', u'in', u'20', u'10', u'x', u'11', u'v', u'23',
        u'00', u'19', u'z', u'an', u'j', u'w', u'f', u'12', u'p', u'y',
        u'b', u'k', u'g', u'h', u'c', u'd', u'u', u'm', u't', u'l', u'r',
        u's', u'4', u'7', u'6', u'o', u'5', u'n', u'9', u'8', u'3', u'i',
        u'e', u'0', u'2', u'a', u'1']], dtype='<U5')
```

为了获得密码中使用的更有意义的短语，我们创建一个新的向量器，将自动小写功能设置为 False，将 ngram_range 设置为 (4,7)。从而避免单字符短语，试着获取更多上下文信息，以了解最常用密码中有哪些主题：

```
seven_cv = CountVectorizer(ngram_range=(4, 7), analyzer='char',
lowercase=False)

seven_char = seven_cv.fit_transform(text)

seven_char

<1048485x7309977 sparse matrix of type '<type 'numpy.int64'>'
  with 16293052 stored elements in Compressed Sparse Row format>
```

接下来获取 100 个最常见的 4 ～ 7 个字符的短语：

```
summed_features = np.sum(seven_char, axis=0)

# top 100 tokens of length 4-7
np.array(seven_cv.get_feature_names())[np.argsort(summed_features)[:,-100:]
]


array([[u'1011', u'star', u'56789', u'g123', u'ming', u'long', u'ang1',
        u'2002', u'3123', u'ing1', u'201314', u'2003', u'1992', u'2004',
        u'1122', u'ling', u'2001', u'20131', u'woai', u'lian', u'feng',
        u'2345678', u'1212', u'1101', u'01314', u'o123', u'345678',
        u'ever', u's123', u'uang', u'1010', u'1980', u'huan', u'i123',
        u'king', u'mari', u'2005', u'hong', u'6789', u'1981', u'00000',
        u'45678', u'2013', u'11111', u'1991', u'1231', u'ilove',
        u'admin', u'ilov', u'ange', u'2006', u'0131', u'admi', u'heng',
        u'1234567', u'5201', u'e123', u'234567', u'dmin', u'pass',
        u'8888', u'34567', u'zhang', u'jian', u'2007', u'5678', u'1982',
        u'2000', u'zhan', u'yang', u'n123', u'1983', u'4567', u'1984',
        u'1990', u'a123', u'2009', u'ster', u'1985', u'iang', u'2008',
        u'2010', u'xiao', u'chen', u'hang', u'wang', u'1986', u'1111',
        u'1989', u'0000', u'1988', u'1987', u'1314', u'love', u'123456',
        u'23456', u'3456', u'12345', u'2345', u'1234']], dtype='<U7')
```

单词和数字会立即显示出来，如下所示：

- pass、1234、56789（容易记住的短语）

- 1980、1991、1992、2003、2004 等（可能是生日的年份）

- ilove、love

- yang、zhan、hong（姓名）

为了更好地理解有意义的短语，我们使用 scikit-learn 中 TF-IDF 向量器来分离出有意义的、可能在密码中使用的罕见短语：

```
# Term Frequency-Inverse Document Frequency (TF-IDF)

# What: Computes "relative frequency" of a word that appears in a document
compared to its frequency across all documents

# Why: More useful than "term frequency" for identifying "important"
words/phrases in each document (high frequency in that document, low
frequency in other documents)

from sklearn.feature_extraction.text import TfidfVectorizer
```

 TF-IDF 通常用于搜索引擎评分、文本摘要和文档聚类。

我们先创建一个类似之前创建的 CountVectorizer 的向量器。将 ngram_range 设置为 (1,1)，将分析器设置为 char：

```
one_tv = TfidfVectorizer(ngram_range=(1, 1), analyzer='char')

# once we instantiate the module, we will call upon the fit_transform
method to learn the vocabulary and then
# transform our text series into a brand new matrix called one_char

# Previously we created a matrix of quantitative data by applying our own
functions, now we are creating numerical
# matrices using sklearn
one_char_tf = one_tv.fit_transform(text)

# same shape as CountVectorizer
one_char_tf

<1048485x70 sparse matrix of type '<type 'numpy.float64'>'
  with 6935190 stored elements in Compressed Sparse Row format>
```

使用新的向量器转换 qwerty123：

```
# transforming a new password
pd.DataFrame(one_tv.transform(['qwerty123']).toarray(),
columns=one_tv.get_feature_names())
```

输出如图 11-4 所示。

!	"	#	$	%	&	'	(	...	u	v	w	x	y	z	{			}	~		
0	0.0	0.0	0.0	0.0	0.0	0.0	0.0	...	0.0	0.0	0.0	0.0	0.0	0.408704	0.0	0.369502	0.0	0.0	0.0	0.0

图　11-4

表中的值不再是计数，而是相对频率，值较高表示该短语是以下情况之一或两者都有：

- 在这个密码中频繁使用。

- 在整个密码语料库中不经常使用。

让我们构建一个最多可学习 5 个字符的更复杂的向量器：

```
# make a five-char TfidfVectorizer
five_tv = TfidfVectorizer(ngram_range=(1, 5), analyzer='char')

five_char_tf = five_tv.fit_transform(text)

# same shape as CountVectorizer
five_char_tf
```

```
<1048485x2570934 sparse matrix of type '<type 'numpy.float64'>'
  with 31053193 stored elements in Compressed Sparse Row format>
```

使用新的向量器来转换简单的密码 abc123：

```
# Let's see some tfidf values of passwords

# store the feature names as a numpy array
features = np.array(five_tv.get_feature_names())

# transform a very simple password
abc_transformed = five_tv.transform(['abc123'])

# grab the non zero features that is, the ngrams that actually exist
features[abc_transformed.nonzero()[1]]
```

```
array([u'c123', u'c12', u'c1', u'c', u'bc123', u'bc12', u'bc1', u'bc',
       u'b', u'abc12', u'abc1', u'abc', u'ab', u'a', u'3', u'23', u'2',
       u'123', u'12', u'1'], dtype='<U5')
```

查看非零的 TF-IDF 分数，如下所示：

```
# grab the non zero tfidf scores of the features
abc_transformed[abc_transformed.nonzero()]
```

```
matrix([[0.28865293, 0.27817216, 0.23180301, 0.10303378, 0.33609531,
         0.33285593, 0.31079987, 0.23023187, 0.11165455, 0.33695385,
         0.31813905, 0.25043863, 0.18481603, 0.07089031, 0.08285116,
         0.13324432, 0.07449711, 0.15211427, 0.12089443, 0.06747844]])
```

```
# put them together in a DataFrame
pd.DataFrame(abc_transformed[abc_transformed.nonzero()],
             columns=features[abc_transformed.nonzero()[1]])
```

运行前面的代码将生成一个表，从中可以发现短语 1 的 TF-IDF 分数为 0.067478，而 bc123 的分数为 0.336095，这意味着 bc123 比 1 更有意义，这正好能说得通。

```
# Let's repeat the process with a slightly better password
password_transformed = five_tv.transform(['sdf%ERF'])

# grab the non zero features
features[password_transformed.nonzero()[1]]

# grab the non zero tfidf scores of the features
password_transformed[password_transformed.nonzero()]

# put them together in a DataFrame
pd.DataFrame(password_transformed[password_transformed.nonzero()],
columns=features[password_transformed.nonzero()[1]])
```

运行上述代码会生成一个表，其中 %er 和 123 对应的 TF-IDF 分数分别是 0.453607
和 0.152114，这意味着 %er 更有意义，并且在整个语料库中出现的频率更低。还要注
意的是，%er 的 TF-IDF 分数大于 abc123 中的任何短语的 TF-IDF 分数，即此短语比
abc123 中的任何内容都更有意义。

让我们更进一步，引入一个称为余弦相似度的数学函数来判断数据集中不存在的新
密码的强度。

11.1.3　使用余弦相似度量化弱密码

本节我们用一些纯粹的数学推理来判断密码强度。我们使用 scikit-learn 中的工具来
学习和理解密码强度，并与使用向量相似度量化的密码强度进行比较。

余弦相似度是向量空间中两个向量的相似程度，它是一个定量值：$[-1,1]$。两个向量
的方向越接近，它们之间的夹角越小，该角度的余弦越大，例如：

- 如果两个向量彼此相反，则夹角为 180 度，$\cos(180°) = -1$。
- 如果两个向量相同，则夹角为 0 度，$\cos(0°) = 1$。
- 如果两个向量相互垂直，则夹角为 90 度，$\cos(90°) = 0$。对于文本，我们说这两
  个文档是不相关的。

图 11-5 展示了余弦相似度。

当前的目标是构建一个工具，从用户处接收密码并评估该密码的强度。这可以通过
各种方法实现，我们的方法如下：

- 通过 scikit-learn 向量器向量化数据集中的已有密码。
- 使用余弦相似度判断给定密码和旧密码之间的相似度，给定密码越接近旧密码，
  该密码的强度排名就越差。

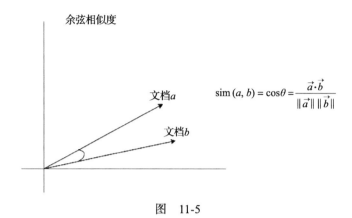

图 11-5

我们利用 scikit-learn 中的余弦相似度实现：

```
from sklearn.metrics.pairwise import cosine_similarity
# number between -1 and 1 (-1 is dissimilar, 1 is very similar (the same))
```

使用已经构建的向量器，然后使用 cosine_similarity 模块计算不同密码 / 字符串之间的相似度：

```
five_cv

CountVectorizer(analyzer='char', binary=False, decode_error=u'strict',
        dtype=<type 'numpy.int64'>, encoding=u'utf-8', input=u'content',
        lowercase=True, max_df=1.0, max_features=None, min_df=1,
        ngram_range=(1, 5), preprocessor=None, stop_words=None,
        strip_accents=None, token_pattern=u'(?u)\\b\\w\\w+\\b',
        tokenizer=None, vocabulary=None)


# similar phrases
print cosine_similarity(five_cv.transform(["helo there"]),
five_cv.transform(["hello there"]))[[0.88873334]]

# not similar phrases
print cosine_similarity(five_cv.transform(["sddgnkjfnsdlkfjnwe4r"]),
five_cv.transform(["hello there"]))
[[0.08520286]]
```

接下来评估 qwerty123 密码的强弱程度。首先将其存储为变量 attempt_password，然后计算其与整个密码语料库中的密码的相似度：

```
# store a password that we may want to use in a variable
attempted_password="qwerty123"

cosine_similarity(five_cv.transform([attempted_password]), five_char).shape
# == (1, 1048485)
```

```
# this array holds the cosine similarity of attempted_password and every
other password in our corpus. We can use the max method to find the
password that is the closest in similarity

# use cosine similarity to find the closest password in our dataset to our
attempted password
# qwerty123 is a literal exact password :(
cosine_similarity(five_cv.transform([attempted_password]), five_char).max()
```

1.0000

qwerty123是语料库中出现过的密码，因此它可能不是一个很好的密码。我们对某个稍长的密码重复此过程，代码如下：

```
# lets make it harder
attempted_password="qwertyqwerty123456234"

# still pretty similar to other passwords..
cosine_similarity(five_cv.transform([attempted_password]), five_char).max()
```

0.88648200215

假如使用一个随机字符组成的密码，计算其相似度，如下所示：

```
# fine lets make it even harder
attempted_password="asfkKwrvn#%^&@Gfgg"

# much better!
cosine_similarity(five_cv.transform([attempted_password]), five_char).max()
```

0.553302871668

使用前20个最接近的密码并得到它们的平均相似度，而不是在语料库中找一个最接近的密码，这能为我们提供更全面的相似性测度。

 我们可以将这种方法视为改进的 KNN，因为我们使用相似性测度来寻找最接近的训练观察数据。只是使用它来告知密码强度，而不是进行分类或回归。

以下代码显示 qwerty123 的前20个最常用的相似密码的平均得分：

```
# use the top 20 most similar password mean score
attempted_password="qwerty123"

raw_vectorization =
cosine_similarity(five_cv.transform([attempted_password]), five_char)
raw_vectorization[:,np.argsort(raw_vectorization)[0,-20:]].mean()
```

0.8968577221

以下代码显示前面随机密码的前 20 个最常用的相似密码的平均得分：

```
# use the top 20 most similar password mean score with another password
attempted_password="asfkKwrvn#%^&@Gfgg"

raw_vectorization =
cosine_similarity(five_cv.transform([attempted_password]), five_char)
raw_vectorization[:,np.argsort(raw_vectorization)[0,-20:]].mean()
```

```
0.4220207825
```

很容易看出，平均得分越小意味着密码强度越高，即与我们的训练集中的密码越不同，因此更加独特且难以猜测。

11.1.4 组合

为了使上述工作更容易投入使用，我们将它们全部打包成一个简单的函数，如下所示：

```
# remake a simple two char CV
two_cv = CountVectorizer(ngram_range=(1, 2), analyzer='char',
lowercase=False)

two_char = two_cv.fit_transform(text)

two_char
# there are 7,528 unique 2-in-a-row-chars (number of columns)

<1048485x7528 sparse matrix of type '<type 'numpy.int64'>'
  with 14350326 stored elements in Compressed Sparse Row format>


# make a simple function using the two_char CV and matrix
def get_closest_word_similarity(password):
 raw_vectorization = cosine_similarity(two_cv.transform([password]),
two_char)
 return raw_vectorization[:,np.argsort(raw_vectorization)[0,-20:]].mean()
```

此函数可以更轻松地快速判断密码的平均相似度得分：

```
print get_closest_word_similarity("guest123") # very close to passwords in
the db
```

```
0.789113817
```

```
print get_closest_word_similarity("sdfFSKSJNDFKFSD3253245sadSDF@@$@#$") #
not very close to passwords in the db
```

```
0.47148393
```

我们创建一个自定义的密码测试类，用于在内存中存储密码的向量器：

```
# this is a complete data-driven automated password strength tester that
judges passwords without any human intuition.

class PasswordTester():
    def __init__(self, text):
        self.vectorizer = None
        self.password_matrix = None
        self.text = text

    def make_vectorizer(self, **kwargs):
        self.vectorizer = CountVectorizer(**kwargs)
        self.password_matrix = self.vectorizer.fit_transform(self.text)

    def get_closest_word_similarity(self, password):
        raw_vectorization =
cosine_similarity(self.vectorizer.transform([password]),
self.password_matrix)
        return
raw_vectorization[:,np.argsort(raw_vectorization)[0,-20:]].mean()

    def judge_password(self, attempted_password):
        badness_score =
self.get_closest_word_similarity(attempted_password)
        if badness_score > .9:
            return "very poor", badness_score
        elif badness_score > .8:
            return "poor", badness_score
        elif badness_score > .6:
            return "not bad", badness_score
        elif badness_score > .4:
            return "good", badness_score
        else:
            return "very good", badness_score
```

要使用我们自定义的类，仅需提供参数并对其进行实例化：

```
p = PasswordTester(text)
p.make_vectorizer(ngram_range=(1, 2), analyzer='char', lowercase=False)


p.judge_password("password123321")
('poor', 0.8624222257655552)

p.judge_password("Istanbul9999")
('not bad', 0.7928432151071905)

# generated from LastPass, a password management and creation service 10
digit
p.judge_password("D9GLRyG0*!")
('good', 0.41329460236856164)

# generated from LastPass, 100 digit
```

```
p.judge_password("ES%9G1UxtoBlwn^e&Bz3bAj2hMfk!2cfj8kF8yUc&J2B&khzNpBoe65Va
!*XGXH1&PF5fxbKGpBsvPNQdnmnWyzb@W$tcn^%fnKa")
('very good', 0.3628996523892102)
```

11.2 总结

本章我们使用本书多章涉及的知识从整体的角度解决了一个具体的问题，还介绍了密码数据集，以及文本特征提取和使用 scikit-learn 进行特征提取，最后介绍了如何通过 scikit-learn 使用余弦相似度。

希望本书能为你提供实践数据科学和网络安全所需的工具。谢谢阅读！